城市轨道交通车辆运用与检修专业规划教材

U0828487

城市轨道交通
车辆转向架构造与检修

主　审：蒋志侨
主　编：王　丹　邹　欣
副主编：江　念　李东明　谢婷婷
参　编：陈喜春　陈　郁　唐　菊
　　　　邹　波　郑预先

西南大学出版社
SWUP　国家一级出版社　全国百佳图书出版单位

图书在版编目(CIP)数据

城市轨道交通车辆转向架构造与检修 / 王丹, 邹欣主编. — 2 版. — 重庆 : 西南师范大学出版社, 2019.11(2023.8 重印)

ISBN 978-7-5621-8399-0

Ⅰ. ①城… Ⅱ. ①王… ②邹… Ⅲ. ①城市铁路–铁路车辆–转向架–构造–中等专业学校–教材②城市铁路–铁路车辆–转向架–车辆检修–中等专业学校–教材 Ⅳ. ①U239.5②U279.3

中国版本图书馆 CIP 数据核字(2016)第 289240 号

城市轨道交通车辆转向架构造与检修

王　丹　邹　欣　主编

责任编辑：翟腾飞

封面设计：牛津迪

制作排版：重庆新综艺图文广告有限责任公司

出版发行：西南大学出版社(原西南师范大学出版社)

地址：重庆市北碚区天生路 2 号

邮编：400715　电话：023-68868624

印　　刷：重庆新生代彩印技术有限公司

幅面尺寸：185mm×260mm

印　　张：8.75

字　　数：202 千字

版　　次：2019 年 11 月　第 2 版

印　　次：2023 年 8 月　第 3 次印刷

书　　号：ISBN 978-7-5621-8399-0

定　　价：28.00 元

前言

PREFACE

全书共分七个项目,十八个任务,理实结合,比较系统地、深入浅出地介绍了城市轨道交通车辆转向架的构造和原理,采用了大量工作图对内容进行分析讲解,便于读者理解。本书就转向架各主要部件的分解、组装,以及典型故障的检修进行了较详细的讲解。

本书作为城市轨道交通车辆运用与检修专业(机械检修方向)的教材,编写指导思想是:基础理论适度,务实实用,专业针对性强,以培养能力为主,概括了学习本课程应掌握的知识点和技能。本书可作为中职学校城市轨道交通车辆运用与检修专业的教学用书,同时,也可作为从事城市轨道交通车辆检修工作人员的专业学习指导书。

本书由四川仪表工业学校王丹、邹欣任主编,江念、李东明、谢婷婷任副主编,陈喜春、陈郁、唐菊、邹波、郑预先参编,并承担资料收集工作。本书在编写中,参考了大量国内外文献资料,同时,得到了重庆铁路运输技师学院专家的指导和审编,在此表示感谢。

由于编者水平有限,本书存在缺点和错误在所难免,故恳请各位读者给予指正,以便修订完善,更好地服务于城市轨道交通车辆教学和工作一线。

目 录

CONTENTS

项目一 认识转向架的原理及构造

项目描述

车辆走行部分在车辆运行中起着非常重要的作用,不仅承受了车体的载荷,而且传递纵向力、垂向力和横向力。转向架是支承车体并担负车辆沿着轨道走行的支承走行装置。为了便于通过曲线,在车体和转向架之间设有心盘或回转轴,转向架可以绕心盘或回转轴相对车体转动。车辆在线路上运行通过道岔、弯道及车辆加速、减速时会产生各种冲击和震动。为了满足运行要求和改善车辆的运行品质,转向架上设有弹簧减振装置和制动装置。对于动车,转向架上还装有牵引电动机和减速机构。我们这一项目就是要学习这些知识。

学习目标

目标类型	目标要求
知识目标	(1)掌握转向架的结构、组成及分类
	(2)掌握转向架的作用
	(3)掌握各种弹簧的结构
	(4)掌握三向力(纵向力、垂向力、横向力)的传递路径
	(5)掌握转向架的操作要求
技能目标	(1)能画出轮毂的外形图并进行相关的标注
	(2)能熟练使用测量轮对的专用工具对轮对进行测量,并根据测量数据判断处理
情感目标	(1)激发对车辆构造的兴趣
	(2)乐于对转向架的结构原理进行分析

学习准备

(1) 教学场地:互联网多媒体教室及转向架模型实训室,课后可实地参观。

(2) 设备要求:至少具有能连接互联网的多媒体教室一个,动车、拖车转向架的仿真模型各一套或能播放视频、投影的设备。

任务一 认识转向架的作用与分类

任务目标

(1) 掌握转向架的结构、组成及分类。
(2) 熟悉转向架的分解步骤。

任务分析

本任务是了解转向架的基本作用以及转向架的结构分类，掌握转向架的清洗步骤和分解的步骤。

任务实施

一、任务准备

转向架是车辆走行部分重要的组成部件之一。转向架的结构和性能直接影响车辆的运行质量和动力性能及行车安全。转向架是支承车体并担负车辆沿着轨道走行的支承走行装置。为了便于通过曲线道路，车体和转向架之间设有心盘或回转轴，使转向架与车体可以绕心盘或回转轴相对转动。转向架对车辆以最小的阻力安全、平稳、高速地运行及制动停车起着重要作用。现在轨道交通车辆采用多轴转向架结构,把两个轮对用专门的构架组装在一起,形成一个小车,这个小车就称为转向架或台车。动车的转向架上还安装有牵引电动机和减速机构，将牵引电动机的转矩通过齿轮转动传递给轮对,从而转化为车辆前进的牵引力,驱动车辆运行,这种转向架称为动力转向架。

图 1-1-1　动车转向架

(一) 转向架的基本作用

(1) 减少车辆运行阻力。

(2) 车辆通过高低不平的线路时,减少车体的垂直位移。

(3) 安装多系弹簧及减振器,保证车辆有良好的运行品质,以适应车辆的高速运行。

(4) 转向架容易从车体下推出,便于检修。

(5) 传递和放大制动缸产生的制动力,使车辆具有良好的制动效果。

(6) 支承车体并将车体上的各种作用力和载荷传递给钢轨。

(二) 转向架设计的基本要求

(1) 具有符合速度要求的运行安全性、平稳性、舒适性和曲线通过性能。

(2) 转向架各零部件应有足够的强度和适宜的刚度。

(3) 尽量减少簧下质量,实现轻量化。

(4) 尽量减小轮轨之间的作用力,减小轮轨和各部件的磨损。

(5) 具有减少噪声、吸收高频震动的能力。

(6) 具有良好的制动性能,保证安全停车。

(7) 转向架各零部件尽可能实现通用化、标准化和系列化。

(8) 转向架结构简单、运用可靠、检修方便、制造容易、成本低廉。

(9) 动车转向架应具有安装驱动电动机、减速机构和传动机构的位置。

(10) 转向架应保证轮轨之间有良好的黏着力、牵引力、制动力。

(三) 转向架的结构分类

由于转向架用途的不同,车辆运行条件的差异,对转向架的性能、结构、参数以及材料和制造工艺等的要求也不相同,从而出现了多种形式的转向架。各种转向架主要区别在于:所用车轴的类型和数目、轴箱定位的方式、弹簧装置的形式、载荷传递的方式等。城市轨道交通车辆转向架均采用二轴转向架。常见的转向架分类方式有以下三种。

1.按轴箱定位方式分类

(1) 拉板式轴箱定位转向架。 这种转向架是用特种弹簧钢板制成的薄片形定位拉板,拉板的一端与轴箱连接,另一端通过橡胶节点与构架连接。其工作原理是利用拉板在纵向、横向的不同刚度来约束构架与轴箱的相对运动,以实现弹性定位。由于拉板的上下弯曲刚度小,对轴箱与构架上下方向的相对位移也就约束很小,如图 1–1–2(a)所示。

(2) 拉杆式轴箱定位转向架。 这种转向架是利用拉杆的两端分别与构架、轴箱销接,拉杆两端的橡胶垫、套分别限制轴箱与构架之间的横向与纵向之间的相对位移,实现弹性定位。拉杆允许轴箱与构架在上下方向有较大的相对位移,如图 1–1–2(b)所示。

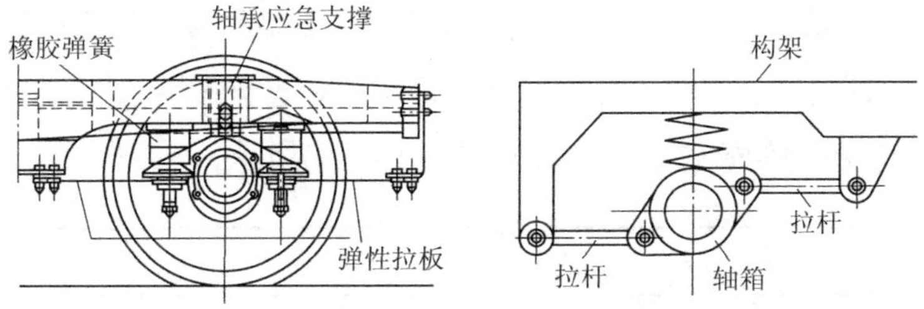

(a) (b)

图 1–1–2 拉板式和拉杆式轴箱定位转向架

(a)拉板式轴箱定位转向架;(b)拉杆式轴箱定位转向架

(3) 转臂式轴箱定位转向架,又称弹性铰定位转向架。定位转臂的一端与圆筒形轴箱体固定连接,另一端以橡胶弹性节点与构架上的安装座相连接。弹性节点允许轴箱与构架在上下方向有较大的位移,弹性节点内橡胶件的设计使轴箱在纵、横方向具有适宜的、不同的定位刚度,其结构形式如图 1–1–3(a)所示。

(4) 层叠式橡胶弹簧定位转向架。 在构架与轴箱之间装设压剪型层叠式橡胶,其垂向刚度较小,使轴箱相对构架有较大的上下方向位移,而它的纵向、横向有适宜的刚度,以实现良好的弹性定位,如图 1–1–3(b)所示。

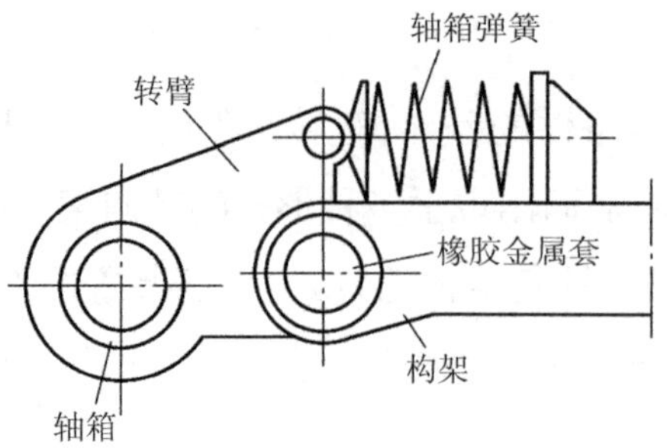

(a)

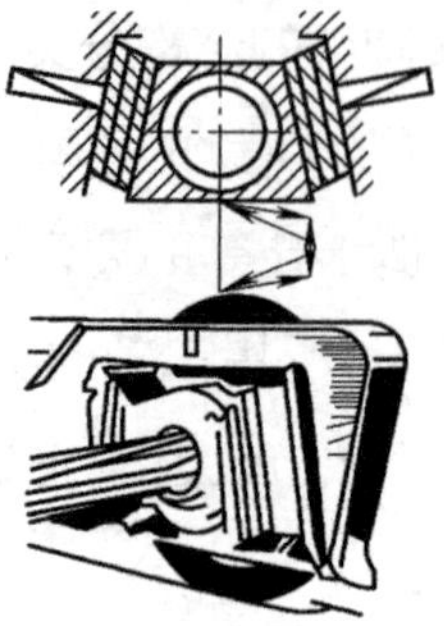

(b)

图 1-1-3 转臂式和层叠式橡胶弹簧轴箱定位转向架

(a)转臂式轴箱定位转向架;(b)层叠式橡胶弹簧定位转向架

以上图中所示的各种定位方式均为无磨损的轴箱弹性定位装置，通过对橡胶金属弹性铰或弹性节点的设计,可以实现纵、横向不同定位刚度的要求,达到较为理想的定位性能。

2.按弹簧系统分类

(1) 一系弹簧悬挂。在车体与轮对之间,设有一系弹簧减振装置,如图 1-1-4(a)所示。它可以设在车体与构架之间,也可以设在构架与轮对之间。

(2) 二系弹簧悬挂。在车体与轮对之间设有二系弹簧减振装置，即在车体与构架之间设弹簧减振装置,在构架与轮对之间设轴箱弹簧减振装置,两者相互串联,使车体的震动经历两次弹簧减振的衰减,如图 1-1-4(b)所示。

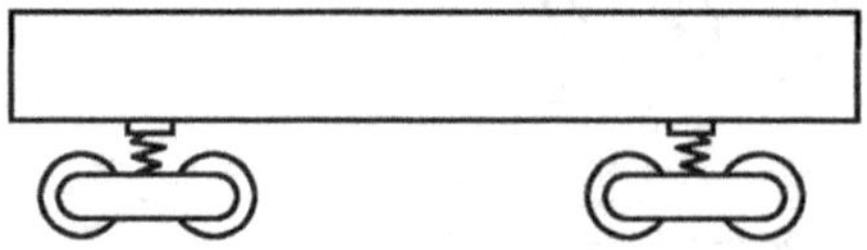

(a)

(b)

图 1-1-4 弹簧悬挂装置

(a)一系弹簧悬挂;(b)二系弹簧悬挂

3.按车体与转向架之间载荷传递方式分类

(1) 心盘集中承载。车体的全部质量通过前后两个上心盘分别传递给前后转向架的两个下心盘,如图 1-1-5(a)所示。

(2) 非心盘集中承载。车体上的全部质量通过弹簧悬挂直接传递给转向架构架,或者通过弹簧悬挂与构架之间装设的旁承装置传递,这种转向架虽还设有心盘回转装置,但它的作用是牵引和转动,如图 1-1-5(b)所示。

(3) 心盘部分承载。车体上部质量按一定比例分配,分别传递给心盘和旁承,使它们共同承载,如图 1-1-5(c)所示。

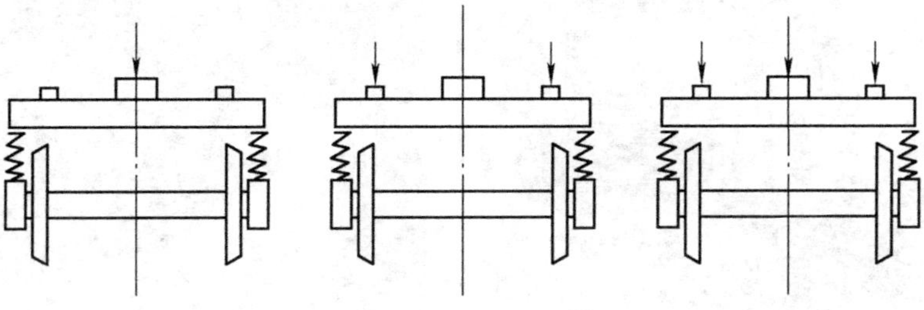

图 1-1-5 载荷承载方式

(a)心盘集中承载;(b)非心盘集中承载;(c)心盘部分承载

二、操作步骤

城市轨道交通车辆的车型较多,车辆结构复杂,而且同车型生产的数量不多,编组基本固定,所以当车辆在架修和大修时,车厢不适宜采用流水作业。但某些部件的修理则可以采用流水作业,比如转向架、主接触器、单元制动机等。这些部件的数量较大,修理工序较多,一般检修包括分解、清洗、修理、组装、调试等工艺过程。对修理人员的专业化程度要求较高,使用的设备有很大一部分是专用的或特殊设计的,特别是调试设备和工具。流水作业为专门技术、专门设备的使用提供了最大可能性。

(一) 清洗及分解列车

1.清洗及分解列车

列车检修前应按要求在专门的洗车线上利用自动轨道车辆清洗机对列车进行清洗,如图 1-1-6 所示。清洗作业后按要求将列车运行到架车线上进行分解,如图 1-1-7 所示。

2.分解工艺步骤

列车在架修、大修库的架车线上分解时,6 节编组的列车分 2 次分解成单节车;8 节编组的列车分 3 次分解成单节车。列车分解成单节车后,单节车车体被地下架车机抬升,转向架从车底落到轨道上然后推出,通过移车台将其送到转向架修理流水线上,拆下车体上的高度阀、垂向减振器、横向减振器等零部件,气管留在车体上,如图 1-1-8 所示。车体则用假台车转载,如图 1-1-9 所示,通过移车台送到假台车上对车体四角进行支承摆放。

图 1-1-6　车辆清洗线与清洗机

图 1-1-7　车辆架车线与架车机

图 1-1-8　移车台

图 1-1-9　假台车

(二) 分解转向架

转向架分解前,先用转向架清洗机完成清洗除锈工作。然后,分别从构架上拆下牵引电机、联轴节、制动单元、层叠弹簧、横向止挡、垂向止挡、中央牵引装置、横向减振器、抗侧滚扭杆、齿轮箱悬挂装置、轴箱拉杆、一系弹簧、轮对等。

转向架分解步骤如下:

(1) 松开连接电机侧半联轴节与齿轮箱侧半联轴节之间的螺栓。

(2) 拆下牵引电机与构架间的所有连接螺钉及接地线缆, 将牵引电机吊离构架, 送电机维修区维修。

注意:拆卸电机时,转向架需在转向架升降台上升降几次。

(3) 将转向架升至维修人员能站在转向架下不影响操作的高度。

(4) 拆下横向减振器。

(5) 通过液压升降车将牵引拉杆连同心盘座与构架分离。

注意:牵引拉杆与心盘座并不分离,此时作为一个整体。

(6) 拆下轴箱拉杆。

(7) 拆下齿轮箱吊杆及齿轮箱安全销。

(8) 拆下传感器及接地装置的电缆。

(9) 支撑好轴箱旁的“人”字弹簧,以防构架吊起时旋转。

(10) 用行车将构架吊离轮对,移至构架存放架上放置。

(11) 拆下轴箱上的“人”字弹簧,将轮对送轮对维修区维修。

(12) 拆下构架上的层叠弹簧。

(13) 拆下垂向减振器。

(14) 拆下单元制动机与构架管路间的连接弯管, 将构架上的 4 台单元制动机拆下,送单元制动机维修区维修。

(15) 拆下构架上的抗侧滚扭杆总成,分解其零部件。

(16) 拆下构架上的横向止挡座及横向止挡橡胶块。

(17) 对所拆下的转向架上所有零部件进行清理、清洗、检测。

拓展知识

转向架部件的互换

(1) 在动车转向架和拖车转向架的结构中,空气弹簧、高度阀、差压阀、调整杆、中心销总成、牵引梁、复合弹簧、牵引拉杆、横向油压减振器、单元制动缸、车轮等,均可以互换。

(2) 在轴箱组成部分,由于所安装的外部设备不同,轴端压盖和前盖不同,但其他部分如轴箱体、轴承、防尘挡圈等可以互换。

(3) 动车转向架用轮对(包含电机、齿轮箱、联轴节组件和接地装置)均可互换。

(4) 拖车转向架用轮对可以互换。

(5) 动车转向架的构架均可互换。

(6) 拖车转向架的构架可互换。

(7) 具有相同功能的动车转向架可以互换。

(8) 具有相同功能的拖车转向架可以互换。

任务评价

表 1-1-1　评价表

评价内容		评价标准	分值	学生自评	教师评价
理论评价	转向架的基本作用	是否掌握转向架的基本作用	10 分		
	转向架的结构分类	是否掌握转向架的结构分类	10 分		
	轴箱的分类	是否掌握轴箱的分类	10 分		
	弹簧系统的分类	是否掌握弹簧系统的分类	10 分		
技能评价	清洗转向架	是否能清洗转向架	20 分		
	分解转向架	是否会分解转向架	30 分		
情感评价	学习态度	是否具有积极的学习态度	4 分		
	操作规范	操作是否规范	3 分		
	团队协作（在任务中请教他人或帮助他人）	是否具有团队协作精神	3 分		
分值总计			100 分		
学习体会					

课后练习

(1) 简述什么是轨道交通车辆转向架。

(2) 轨道交通车辆转向架有哪些基本作用?

任务二 认识转向架的组成部分

任务目标

(1) 掌握转向架的结构原理及基本组成部件。
(2) 掌握转向架的组装方法。
(3) 掌握落车组装的方法。

任务分析

本任务主要是认识转向架的各组成部分，熟练掌握转向架的组装步骤以及注意事项，落车组装时的调整方法。

任务实施

一、任务准备

轨道车辆的转向架为了适应各种用途和运行条件以及便于制造和检修，因此类型很多，结构各异。但它们均有转向架的共同特点，其基本作用和构造组成是大致相同的。转向架的基本构造可以分为以下几个部分。

(一)轮对轴箱装置

轮对沿着钢轨滚动，除了传递车辆重量外，还传递轮轨之间的各种作用力，包括牵引力和制动力。轴箱与轴承装置是联系构架和车轮的活动关节，使轮对的滚动转化为车体沿钢轨的平动。

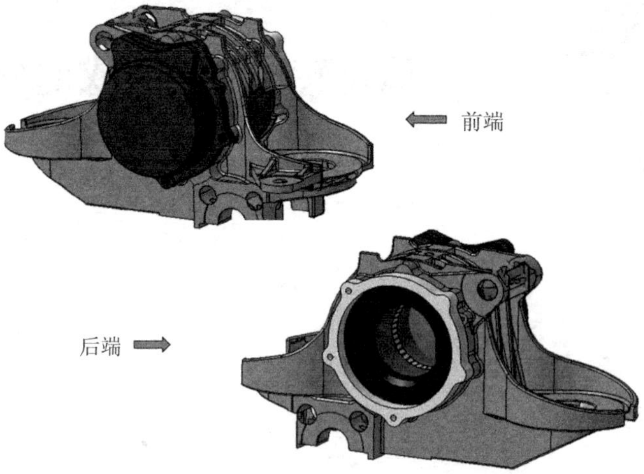

图 1-2-1　轮对轴箱装置

（二）弹性悬挂装置

为了尽可能地减少线路的不平顺和轮对运动对车体的各种动态影响，比如垂向震动、横向震动、通过曲线等，在轮对与构架之间或构架与车体之间，设有弹性悬挂装置，前者称为轴箱悬挂装置（即一系悬挂），后者称为构架悬挂装置（即二系悬挂）。

弹性悬挂装置包括弹性装置、减振装置和定位装置。

图 1-2-2　弹性悬挂装置

（三）构架

构架是转向架的安装基础，它把转向架的零部件组成一个整体。它不仅仅承受和传递各种作用力及载荷，而且它的结构形状、尺寸大小都应满足各零部件的结构和形状及组装的要求，比如应满足制动装置、弹簧减振装置、轴箱定位装置的安装要求。

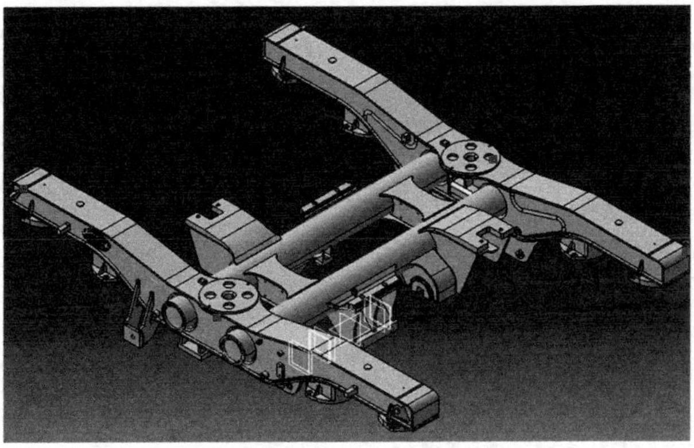

图 1-2-3 构架

(四) 制动装置

为了使车辆在规定的距离内停车,必须安装制动装置,其作用是传递制动缸产生的制动力或单元制动机产生的制动力，使闸瓦与轮对之间产生的转向架的内摩擦力转换成轮轨之间的外摩擦力(即制动力),从而使车辆承受前进方向的阻力,产生制动效果。

(五) 转向架架承车体装置

车体与转向架连接部分的结构能安全可靠地支承车体，并传递各种载荷和作用力,同时车体与转向架之间应能绕一定旋转中心相对转动,便于车辆顺利通过曲线。

图 1-2-4 制动装置

图 1-2-5 转向架架承车体装置

二、操作步骤

构架是转向架组装的基准件。其余所有部件的预组装都应按技术要求进行调试和组装。转向架的组装工作须在转向架升降台上进行。

(一) 转向架的组装

(1) 在构架上需要补漆的部位进行补漆。

(2) 在构架上安装横向止挡座及横向止挡橡胶块。

(3) 在构架上安装抗侧滚扭杆总成。

(4) 在构架上安装垂向减振器。

(5) 在构架上安装高度阀连杆。

(6) 在构架上安装 4 台单元制动机,连接单元制动机与构架管路间的连接弯管。

注意:以上作业都在构架存放架上进行。

(7) 将组装好的轮对吊到转向架安装股道上。

(8) 在轴箱上安装"人"字弹簧。

(9) 支撑好轴箱旁的"人"字弹簧,方便构架吊入。

(10) 用行车将构架吊离存放架,在轮对上方慢慢下降,使"人"字弹簧嵌入构架上的"人"字弹簧安装座内。

(11) 安装传感器及接地装置的电缆。

(12) 安装齿轮箱吊杆及齿轮箱安全销。

(13) 安装轴箱拉杆。

(14) 通过液压升降车将牵引拉杆连同心盘座安装到构架上。

注意:牵引拉杆与心盘座作为一个整体。

(15) 安装横向减振器。

(16) 安装牵引电动机。

注意:安装电动机时,转向架需在转向架升降台上升降几次。

(17) 连接电动机侧半联轴节与齿轮箱侧半联轴节之间的螺栓。

(18) 安装构架上的层叠弹簧。

(19) 将组装好的转向架总成吊至转向架试验台进行加载试验。

(20) 将试验完的转向架吊至维修区出库股道,以待装车。

(二) 落车组装

车体与转向架落车后,转向架有以下零部件需要进行组装与尺寸调整。

1.中央牵引装置

将定位套、复合弹簧、下压板等按顺序进行组装,并将中心销螺母紧固到规定扭矩,最后加开口销。

2.空气弹簧

若空气弹簧胶囊、盖板固定在车体上,则落车时需将空气弹簧胶囊与应急弹簧连接,注意密封(通常为自密封);若胶囊、盖板与应急弹簧为一体,则将盖板与车体连接,注意通气孔接通。

3.抗侧滚扭杆

将上球铰、调节螺管和下球铰连接在一起。

4.垂向减振器

将垂向减振器上、下两端分别安装在车体和构架的支座上。

5.高度阀

将高度阀下端与构架上支座连接,上端与高度阀控制杆连接。

6.线缆

连接电源线、接地装置、传感器导线等线缆。

7.轴箱限位

安装轴箱限位垫片或限位块。

组装完成后以及在静态调试时还需进行有关的尺寸测量与调整。

(1) 对层叠弹簧垫片、固定垫片及一系弹簧补偿垫片进行调整。

(2) 转向架落车后的抗侧滚扭杆连杆调整:①空气弹簧未充气时,扭杆连杆调整;②空气弹簧充气后,扭杆连杆调整。

注意:下球铰中心与扭杆中心垂直高度差为 10 mm ±1 mm (扭杆应处于自由状态);球铰的六角槽形螺母扭矩为 320 N·m。

(3) 地板面高度调整及悬挂装置调整:①在零线轨道上调整地板面高度(充气状态下);②调整齿轮箱与电机位置尺寸(无气状态下)。

注意:空气弹簧盖板上表面至轨顶面的高度为 869 mm ± 8 mm;无气与充气状态,车体地面高度差为 18 mm ±4 mm。

拓展知识

转向架的作用

(1) 采用转向架可增加车辆的载重、长度和容积。

(2) 转向架相对车体可自由回转,使较长的车辆能自由通过小半径曲线,减少运行阻力与噪声,提高运行速度。

(3) 安装弹簧减振装置,保证车辆具有良好的动力性能和运行品质。

(4) 支承车体,承受并传递从车体至轮轨的各种载荷及作用力,使各轴重均匀分配。

(5) 安装制动装置,可传递制动力,满足运行安全要求。

(6) 安装牵引电机及减速装置,能够提供动力,驱动轮对(或车轮),使车辆沿着轨道运行。

任务评价

表 1-2-1　评价表

评价内容		评价标准	分值	学生自评	教师评价
理论评价	认识轮对轴箱装置	是否了解轮对轴箱装置相关知识	10 分		
	认识弹性悬挂装置	是否了解弹性悬挂装置相关知识	10 分		
	认识构架	是否掌握构架相关知识	10 分		
	认识制动装置	是否掌握制动装置相关知识	10 分		
技能评价	不落车组装	是否会不落车组装	20 分		
	落车组装	是否会落车组装	30 分		
情感评价	学习态度	是否具有积极的学习态度	4 分		
	操作规范	操作是否规范	3 分		
	团队协作（在任务中请教他人或帮助他人）	是否具有团队协作精神	3 分		
分值总计			100 分		
学习体会					

课后练习

(1) 简述什么是转向架的轴箱装置。

(2) 轨道交通车辆转向架制动装置的作用是什么？

(3) 如何组装转向架？

任务三 测验转向架的台架

任务目标

(1) 掌握转向架台架试验的内容。
(2) 掌握转向架台架试验的主要测量项目及方法。

任务分析

本任务了解台架试验主要技术性能,掌握车轮轮载测验的方法,并了解齿轮箱吊杆的高度调整办法。

任务实施

一、任务准备

转向架静压试验台的主要性能:

(1) 在模拟车体重量的情况下测量转向架四角高度。能对拖车、动车转向架加载进行高度检查,并预测空气弹簧底部垫片所需厚度。

(2) 模拟车体的重量对转向架进行加载,并检测各轮轮重,加载点可调整。能称量各车轮在不同载荷下的轮重。

(3) 可在试验台上对转向架进行加垫操作。

(4) 具有设备安全保障功能和设备自检功能,可随时监视设备的运行情况,并显示其故障的位置。

(5) 可方便地显示、查询当前及以往数据,如操作日期、时间、试验者姓名、转向架号及检测数据。

(6) 随时打印各有关数据和报表,自动生成检测报告。

(7) 具有在线帮助和良好的人机对话界面,能进行程序管理,如添加、删除、设置等, 各类转向架必要参数可设置、取舍、保存和调用。

(8) 在不同载荷和位移条件下,能自动测量轮轴的平行度。

(9) 有足够的刚度和良好的平稳性,噪声符合我国环保要求,环境温度-10~40 ℃,相对湿度≤98%条件下正常工作。

(10) 试验台能方便人工测量轨面距(踏面)一系弹簧支撑、二系弹簧座的高度。

图 1–3–1　转向架静压试验台

二、操作步骤

(一) 测车轮轮载

(1) 台架试验的工况。 零载荷、AW0 工况、AW2 工况、AW3 工况、 零载荷 (卸载后)。

(2) 测量结果。 在任何工况下分别测量每个车轮的轮载,进而分别计算出轴重、轮载偏差、轴重差。

(3) 评定标准。 在任何工况下,轮载偏差、轴重差均不超出技术要求范围。

(4) 技术要求。 若超出技术要求范围,将转向架调转 180°,重复上述内容。若仍然超出技术要求范围,则须对一系弹簧按技术要求进行调整。

(二) 测车轴平行度

(1) 台架试验的工况。 零载荷、AW0 工况、AW1 工况、AW2 工况、AW3 工况、零载荷(卸载后)。

(2) 测量结果。在上述工况分别测量每个车轮的轮载,进而分别计算出轴距和每个车轮的位移变化量。

(3) 评定标准。 在任何工况下,轴距、车轮的位移变化量均不超出技术要求范围。

(4) 技术要求。 若超出技术要求范围,将转向架调转 180°,重复上述内容。若仍然超出技术要求范围,则需对一系弹簧按技术要求进行调整。

(三) 测构架至轨面的距离

(1) 台架试验的工况。 AW0 工况。

(2) 测量结果。 在 AW0 工况下测量每侧构架至轨面的距离,计算两侧高度差。

(3) 评定标准。 构架至轨面的距离、两侧高度差不超出技术要求范围。

(4) 技术要求。 若超出技术要求范围,将转向架调转 180°,重复上述内容。若仍然超出范围,则须对一系弹簧按技术要求进行调整。

(四) 齿轮箱吊杆高度调整

在加载 AW0 载荷的条件下,对车辆转向架检修齿轮箱吊杆高度进行调整。对可调式吊杆,通过调整螺筒使其到合适长度;对固定式吊杆,通过加垫片调整到合适长度。

拓展知识

试验台的技术参数和精度等级

(1) 轨距:1435 mm。

(2) 二系装置加载力:0~100 kN,精度±1.5‰F.S。

(3) 加载油缸行程:≤400 mm,位移测量精度 5‰F.S。

(4) 二系装置加载力位置调节范围:300~2 000 mm,定位精度±1 mm。

(5) 轴距测量范围:1 800~2 200 mm,测量精度±0.2 mm。

(6) 轮重测量范围:<6 t,测量精度±1.5‰ F.S。

(7) 基准平台: 水平误差<0.25 mm。

任务评价

表 1-3-1 评价表

评价内容		评价标准	分值	学生自评	教师评价
理论评价	主要测量项目	是否了解主要测量项目	10 分		
	台架试验	是否会台架试验	10 分		
技能评价	试验车轮轮载的技能	是否掌握试验车轮轮载的技能	10 分		
	试验车轴平行度	是否能进行试验车轴平行度测量	10 分		
	试验构架至轨面的距离	是否能进行试验构架至轨面的距离测量	20 分		
	齿轮箱吊杆高度调节	是否能进行齿轮箱吊杆高度调节	30 分		
情感评价	学习态度	是否具有积极的学习态度	4 分		
	操作规范	操作是否规范	3 分		
	团队协作(在任务中请教他人或帮助他人)	是否具有团队协作精神	3 分		
分值总计			100 分		
学习体会					

课后练习

(1) 简述什么是轨道交通车辆转向架台架试验。

(2) 转向架静压试验台的主要技术性能有哪些？

项目二 检修构架

项目描述

前面我们学习了转向架的构造及原理，了解到它是支承车体并担负车辆沿着轨道走行的支承走行装置。现在我们将进一步认识构架。了解构架的作用与使用要求，清楚构架的分类，是掌握构架检修的重要知识储备。下面我们就对以上知识点进行学习。

学习目标

目标类型	目标要求
知识目标	(1)掌握构架的结构与作用
	(2)掌握构架的分类
	(3)掌握构架各部分的技术要求
技能目标	(1)能看懂构架的组成结构装配图
	(2)掌握构架的检修要求和方法
	(3)熟练运用目测法判断构架的故障类型
情感目标	(1)激发对车辆构造的兴趣
	(2)乐于对转向架的结构原理进行分析

学习准备

(1) 教学场地:教室、互联网多媒体教室及转向架模型实训室,课后可实地参观。

(2) 设备要求:至少具有能连接互联网的多媒体教室一个,构架模型一个,或能播放视频、投影的设备。

任务一 认识构架的作用与要求

任务目标

(1) 掌握构架的结构、组成及分类。
(2) 熟悉构架的基本使用要求。

任务分析

本任务了解转向架构架的作用与基本要求,熟悉构架的分类与组成部分,并熟练掌握构架焊缝以及去除截面棱边的方法。

任务实施

一、任务准备

构架是转向架各组成部分的安装基准件和安装基础, 各零部件通过构架把转向架的组成部分组合成一个整体,构架也是转向架承载的主要部件。

(一) 构架的作用与要求

(1) 部分零部件有较高的安装定位精度,比如轮对的定位,牵引电动机和传动机构的安装定位等,保证转向架具有较好的运行性能。

(2) 便于各部件及附加装置的安装，包括轮对安装、传动齿轮装置的悬挂、牵引电动机的安装、制动系统的安装。

(3) 构架结构应具有足够的强度，能承载车体质量以及各种冲击、震动和传动牵引力、制动力，以确保列车运行安全。

构架是各零部件安装的基础件和基准件。它的制造精度决定转向架的组装精度及车辆的运行安全、平稳性和运行通过性能。

(二) 构架的分类及组成

轨道交通车辆转向架的构架制造工艺形式主要有铸钢构架和焊接构架。铸钢构架强度和刚度性能好，但由于质量较重，制造工艺复杂，周期较长，在使用中受到一定程度的限制，主要应用于铁路客运车辆和货运车辆及机车。城市轨道交通车辆转向架多采用焊接构架，焊接构架由钢板紧压型的型材经过焊接制成，具有重量轻、节约材料、工艺简单的特点，能满足城市轨道交通车辆转向架所需的强度和刚度的要求。紧压型钢板的焊接构架，其梁架可以按等强度设计，箱形截面尺寸可以根据各部位受力情况而进行设计，使各截面的应力接近，并可合理地分布焊缝，减少焊缝数量，使焊接构架具有足够的强度和刚度，同时还具有重量轻、材料节省、制造周期短、科技含量高的优点，但其对制造设备要求较高，制造成本较高。

构架按结构形式分，有开口式、封闭式或 H 形、日字形、目字形等多种形式结构。图 2-1-1 所示构架由左、右侧梁，一根或几根横梁，前后端梁经组焊而成。没有端梁的构架称为开口式构架，有端梁的构架称为封闭式构架。

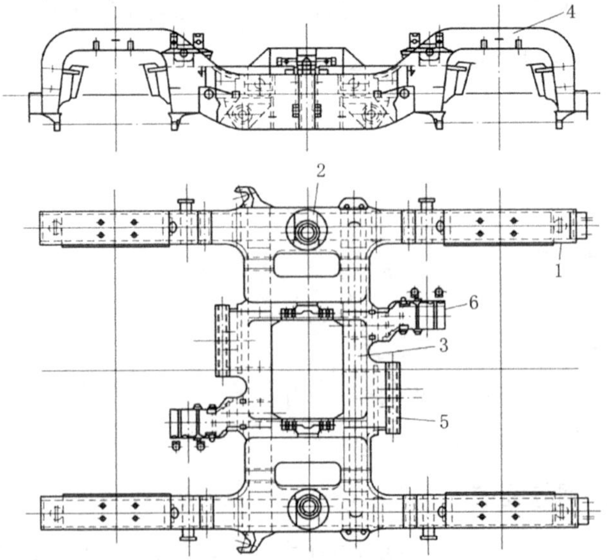

图 2-1-1　构架的组成

1-侧梁；2-空气弹簧座；3-横梁；4-轴箱导框；5-电动机安装座；6-齿轮箱吊座

构架的侧梁是构架的主要承载梁，它是用来传递垂向力、纵向力和横向力的主要部件，另外侧梁还用来确定轮对的位置。横梁和端梁是用来保证构架在水平面内的刚度，使两轴平行并承托牵引电动机和制动缸等部件。

构架上设有空气弹簧座、高度调整阀座、抗侧滚扭杆座、减振器座、止挡座等，用于安装相关设备。

构架的强度和刚度对转向架的质量及功用性能十分重要，其主要损坏形式是裂纹和变形。

二、操作步骤

在焊接构架设计时，工艺人员应积极配合设计人员，使焊缝的设计更合理，焊接工艺性更好。同时设计人员应参与焊接工艺评审和评定工作，以验证焊接工艺能否达到设计要求，从而使焊接接头的设计和焊缝布局更趋合理。

构架焊缝的设计和构架焊接应注意：

(1) 应保证构架上的作用力均匀分布，避免不必要的应力集中。

(2) 受力大的部位和拉应力区，尽量不布置焊缝，对不可避免的焊缝应尽量布置在低应力区或受压应力区。

(3) 拉应力区的角焊缝应设计成双角焊缝或单边 V 形焊透焊缝，压应力区的焊缝设计成单边 V 形焊缝。

(4) 对截面变化较大的部位应采取较大的过渡半径，去除棱边和沟槽等，避免急剧的截面过渡。

(5) 侧梁、横梁设计时，应尽量减少焊缝，上、下盖板对接等焊缝，应采用全焊透焊缝，并要注明焊缝的探伤方法和标准。

(6) 当不同板厚进行对接接头设计时，应对厚板部分进行削平处理，并对焊缝进行打磨处理，使焊接处圆滑过渡。

(7) 构架主要焊缝的表面质量要保证，要通过优化焊接工艺和焊后焊缝表面处理工艺，改善焊缝表面的几何形状，减少焊缝表面的应力集中和表面缺陷。

(8) 提高构架的焊缝质量，消除焊缝表面和内在的缺陷。

拓展知识

构架疲劳强度分析

构架作为转向架其余零部件的安装基础，不仅要将车体重量和运行中的振动载荷传递到轮对，还要承受连接在其上的牵引、制动与悬挂系统部件所产生的各向载荷。由于构架有如此复杂的受力状态,因此,有必要在转向架的设计阶段对构架的疲劳强度进行评估。本文以地铁车辆转向架的构架为研究对象,利用 Altair 公司的 HyperMesh 软件建立构架的有限元模型,并利用 RADIOSS 求解器软件求解构架在几种典型的工况下的应力,计算出关键点的应力幅和平均应力,完成构架的疲劳分析。

转向架构架为全封闭焊接结构时,主要由 2 个侧梁和 2 个横梁组成,构架侧梁是整体呈 U 形的箱型焊接结构,构架两端的下侧设有橡胶弹簧安装座,中央上部设有空气弹簧安装座。构架的横梁也采用封闭的箱型焊接结构,横梁的外侧斜对称位置设置电机吊座和齿轮箱吊座,下侧的斜对称位置设有牵引拉杆座,两个横梁之间设有横向止挡座。横梁和侧梁内部还设有多块筋板,以加强构架的强度。利用 HyperMesh 软件建立构架的有限元模型,有限元建模过程中按照构架的实际结构进行离散,除电机吊座和齿轮箱吊座用实体单元外,其余结构全部用板单元离散。考虑电机惯性对构架强度的影响,在电机质心处建立一个节点,用刚性单元将该节点与电机吊座连接。

用 HyperMesh 软件建立构架的有限元模型，并按照标准对构架加载主要运营工况下的载荷,然后用 RADIOSS 软件求解各工况下构架的应力,并计算各关键点的应力幅和平均应力。根据材料的性能参数用 HyperGraph 软件绘制材料的 Goodman 疲劳极限图和采样点的平均应力与应力幅的关系。通过 Goodman 图得出构架疲劳强度是否合格的结论。

任务评价

表 2-1-1 评价表

评价内容		评价标准	分值	学生自评	教师评价
理论评价	构架的结构组成	是否能指出构架各部分结构名称	20 分		
	构架的分类及作用	是否会根据构架类型分析基本使用要求	20 分		
技能评价	构架焊接质量分析	是否能分析构架焊接工艺并保证达到设计要求	20 分		
	构架焊接区域处理	是否会去除焊缝截面棱边、沟槽	25 分		
情感评价	学习态度	(1)是否能积极思考，回答问题，与教师进行互动 (2)是否有充分的课前准备，教材及学习用品是否齐备	5 分		
	操作规范	操作是否规范	5 分		
	团队协作(在任务中请教他人或帮助他人)	是否具有团队协作精神	5 分		
分值总计			100 分		
学习体会					

课后练习

(1) 构架的作用是什么？对其有哪些基本要求？

(2) 构架主要有哪两种形式？构架按结构形式分类有哪几种类型？

(3) 简述构架的基本组成及其受力分布。

(4) 构架上主要安装有哪些零部件？

任务二 检修构架

任务目标

(1) 熟悉构架的检修内容。
(2) 掌握构架的故障类型。
(3) 熟练运用目测法判断构架故障并检修。

任务分析

本任务了解转向架构架的定修、年修、大修的检修要求，并掌握构架的清洗方法与焊补方法。

任务实施

一、任务准备

构架由压制成型的钢板焊接成 H 形全封闭箱形结构，构架的两根横梁中部设有中心销座，外侧设有牵引电机安装座，下方设有牵引拉杆安装座，构架侧梁两端的轴箱导框设有“人”字橡胶弹簧安装座，导框下方安装轴箱拉杆，侧梁中部设有空气弹簧安装座，下方设有抗侧滚扭杆安装座。构架上还设有单元制动机、高度阀调整拉杆、液压减振器的安装座。

(一) 定期检查要求

构架无裂纹,各处焊缝无开焊。构架与各零部件间的紧固螺栓、螺母无松动。轴箱导框表面清洁,无裂纹,与构架焊缝无开焊。构架表面无油污。

(二) 年修要求

(1) 构架上连接基础制动装置的吊板吊座孔、固定杠杆吊座孔、闸瓦托吊架吊座孔的衬套内径磨耗量超过限度规定时应更换。

(2) 转向架构架有裂纹、缺损、焊缝开焊时,应焊补修复。构架各梁弯曲、凹坑、局部变形超 5 mm 时,调平处理。

(三) 总成大修要求

(1) 转向架的焊修应符合 TB/T1581—1996《机车车辆修理焊接技术条件》的有关规定。

(2) 裂纹焊修时,应开坡口,彻底消除原有裂纹。

(3) 对裂纹及磨耗进行焊修前, 室温低于 5 ℃时, 应将需焊修部位预热至 300~400 ℃。变形热调时,应加热至 600 ℃以上。冷、热调修后,应按规定进行探伤检查。

(4) 裂纹施焊时,应熔深良好,焊缝与金属交接处应缓坡过渡。磨耗堆焊时,应纵向分层堆焊;在堆第二层时,应彻底清除第一层焊波熔渣,焊波应相互压上 1/3 左右,并有高出金属表面 1~2 mm 加工余量。堆焊销孔时应焊同心圆焊波,再经机械加工恢复规定尺寸。

(5) 转向架构架焊修后,进行局部加热保温,消除焊接应力。

二、操作步骤

1.交接

检查、接收经内解车间煮洗和清洗后的构架装置。

2.分解检查

(1) 对构架进行外观检查。

(2) 对构架各座及各座焊缝进行磁粉探伤检查。

(3) 对构架侧、横梁焊缝及构架其他焊缝进行磁粉探伤检查。

(4) 根据外观及探伤检查情况确定检修方案。

3.构架测量

(1) 用天车将构架吊起翻转后(上下拉杆座朝上),吊上专用划线平台,并用四个活动顶镐支承构架四角。

(2) 对构架进行综合测量(数据以具体车型为准)。

① 检查构架两侧梁相对应拉杆座内侧面距离在 1 793~1 797 mm 范围内。

② 检查构架两长拉杆座对角线之差不大于 6 mm。

③ 检查构架同侧梁两长拉杆座距离在 1 956~1 962 mm 范围内。

④ 检查同轴同侧上下拉杆座切口中心线距离为 940±2 mm。

⑤ 检查制动器安装座左右中心距在 1 517~1 523 mm 范围内。

4.构架检修

(1) 对构架各螺纹孔进行过丝修理,螺孔丝扣应完整无缺损。

(2) 配上、下拉杆座芯轴。

(3) 构架各板分层缺陷的处理。构架各板如有“分层”缺陷,可在分层面上开 5~6 mm 的坡口,焊补后用风砂轮磨平,必要时可增加塞焊孔。

(4) 构架各板裂纹和撞击凹坑的处理。构架各板上产生裂纹时,应铲除后施焊处理,必要时允许用挖补的方法修复,构架母材裂纹长度超过板宽四分之一时更新。

(5) 拉杆座的移位及修理,把所需要移位的拉杆座用氧乙炔火焰,沿着它与构架或拉杆座柱的焊缝切割下来。清理修整拉杆座与构架切割的部位,注意恢复原焊缝接头。

拓展知识

构架产生裂纹的主要原因

(1) 架构弯角处断面尺寸的突然变化,易产生应力集中而出现裂纹。

(2) 由于焊接工艺不良产生内应力而出现裂纹。

(3) 有焊接缺陷,如气孔、砂眼、加渣等,减弱了断面强度,产生局部应力过大而出现裂纹。

(4) 焊接工艺不当,如未焊接、产生气孔、夹咬边等缺陷,加之焊修前后热处理不当,在焊修处易发生脆裂。

(5) 构架上受力较大部位,如侧梁导框、中心销边缘易出现裂纹。

裂纹的检查方法,一般为目视外观检查,观察易发生裂纹处有无锈线或在油垢处有无绣线,也可借助手电筒光线与被检查处呈斜交照射来发现。对不易辨认的可疑迹象,可用乙炔焰烘烤的办法来判断,若烘烤后呈现明显的缝隙则为裂纹。

任务评价

表 2-2-1 评价表

评价内容		评价标准	分值	学生自评	教师评价
理论评价	构架的定检要求	是否能描述构架的定检内容及要求	20 分		
	构架年检与大修的要求	是否能描述构架年检与大修的要求	20 分		
技能评价	构架的清洗与探伤	是否能对构架进行清洗和探伤操作	20 分		
	构架焊补处理	是否会对构架进行焊补处理	25 分		
情感评价	学习态度	(1) 是否能积极思考，回答问题，与教师进行互动 (2) 是否有充分的课前准备，教材及学习用品是否齐备	5 分		
	操作规范	操作是否规范	5 分		
	团队协作(在任务中请教他人或帮助他人)	是否具有团队协作精神	5 分		
分值总计			100 分		
学习体会					

课后练习

(1) 构架的大修包括哪些？

(2) 构架定检是指什么？

(3) 构架检修有哪些方法？

项目三 检修轮对轴箱装置

项目描述

本项目我们将学习有关轮对的知识和检修操作。在铁路机车和车辆上，套在轴颈上联结轮对和转向架构架或二轴车车体的部件，简称轴箱装置。其作用是把车体重量和载荷传递给轮对，润滑轴颈，减少摩擦，降低运行阻力。轴箱装置按所采用的轴承类型，分为滑动轴承轴箱装置和滚动轴承轴箱装置两类。早期的机车车辆采用滑动轴承轴箱装置，20 世纪初开始试用滚动轴承轴箱装置，现已逐渐取代滑动轴承轴箱装置。

学习目标

目标类型	目标要求
知识目标	(1)掌握轮对的结构与作用
	(2)掌握轮对的组装
	(3)熟练掌握轮对各重要部件的检修
技能目标	(1)能看懂轮对的组成结构图
	(2)掌握轮对各部件的检修要求和方法
	(3)能熟练检修轮对各主要部件
情感目标	(1)乐于观察,并能通过理论联系实际分析问题
	(2)培养认真、谨慎的工作态度
	(3)锻炼动手能力、激发学习积极性

学习准备

(1) 教学场地:教室、互联网多媒体教室及转向架模型实训室,课后可实地参观。

(2) 设备要求:至少具有能连接互联网的多媒体教室一个,转向架的轮对及轴箱模型各一套,或能播放视频、投影的设备。

任务一 认识轮对

任务目标

(1) 掌握轮对的结构、组成与作用。
(2) 掌握轮对的基本使用要求。

任务分析

本任务是了解轮对的主要组成部分以及作用，熟悉轮对的锥形踏面和磨耗踏面的概念与设计原理，并掌握轮对的标记要求与方法。

任务实施

一、任务准备

轮对是由一根车轴和两个车轮组成的一对相互平行，并由轴箱连接构成整体结构的一对车轮。它是转向架的重要部件之一，如图 3-1-1(a)所示。

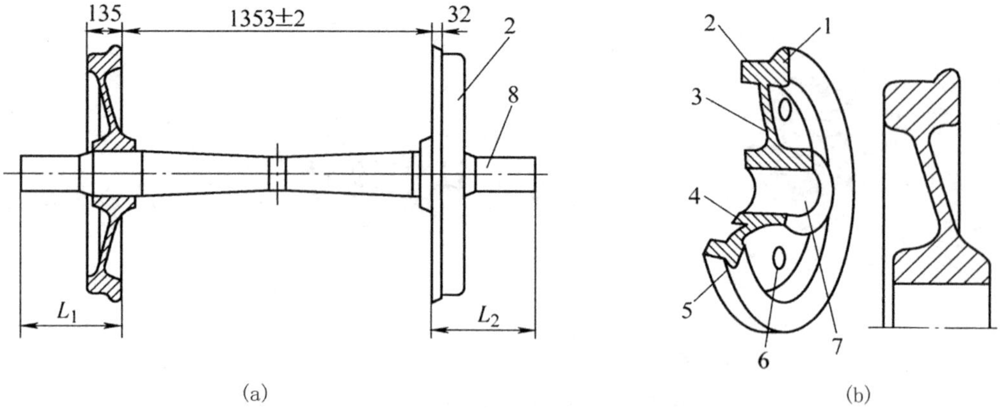

图 3-1-1　轮对和整体辗钢轮

1-轮辋；2-踏面；3-辐板；4-轮毂；5-轮缘；6-工艺孔；7-轮毂孔；8-车轴；L_1，L_2-轮位差

轮对的作用是承担车辆全部载荷，引导车辆沿着钢轨高速运行，同时承受着从车体、钢轨传来的各种力的作用。因此，轮对应具有足够的强度，以保证在允许的最高速度和最大载荷下安全运行。轮对应在具有足够的强度和保证一定的使用寿命的前提下，使其质量最小，并具有一定的弹性，以减少轮轨之间的作用力和磨耗。

轮对在正常状态的线路上运行时，轮对的内侧距是影响运行安全的一个重要因素，轮对内侧距应保证在任何线路上运行时轮缘与钢轨之间有一定的游隙，以减少轮缘与钢轨的磨耗；应保证在最不利的情况下，使车轮踏面在钢轨上仍有足够的安全搭接量，不至于造成脱轨，并保证顺利安全地通过道岔。

国家铁道技术部门在相关技术文件中，对制造和检修轮对内侧距有着严格的规定。它直接影响着车辆运行安全和车辆运行性能及车轮与钢轨件的磨耗使用寿命。

(一) 车轴

城市轨道交通车辆的车轴绝大部分为圆截面实心轴，根据在工作中各部分受力不同，各部分直径也不一致，以承载各部分不同的力。

车轴制造使用优质碳素钢，如 40 钢或 50 钢经加热锻压成型，锻压车轴表面需锻造光平，不应有起层、裂纹、熔渣或其他危害性缺陷。然后再经多次的热处理加工和多工种的机械切削加工而制成。车轴属于转向架的簧下部分，所以车轴质量的降低，将影响车辆的运行质量，增大轮轨动力作用，对行车安全和平稳是不利的。

根据车轴使用轴承形式的不同，车轴可分为滑动轴承车轴和滚动轴承车轴，城市轨道交通车辆的车轴均采用滚动轴承车轴，滑动轴承车轴目前已被淘汰。

车辆滚动轴承车轴的两端伸进轴箱的部分称为轴颈，安装轴承和承载车辆载荷及压装车轮的部分叫轮座，车轴中部是轴身。动车转向架的轴身上安装有齿轮箱，传递电动机产生的转矩驱动轮对，再通过构架和中央牵引装置带动车辆前后运行。滚动轴承车轴形状有 5 种，动车滚动轴承车轴结构如图 3–1–2 所示。

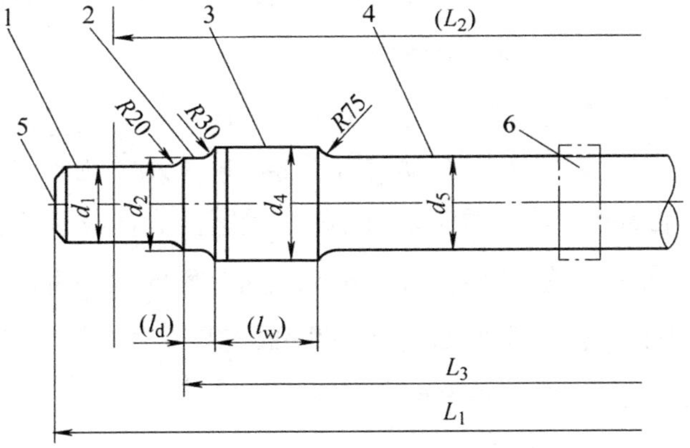

图 3–1–2　滚动轴承车轴结构

1–轴颈；2–防尘板座；3–轮座；4–轴身；5–轴端螺栓孔；6–制动盘安装座；L_1–车轴长度；L_2–两轴颈中点间距离；L_3–防尘座外侧距；L_d–防尘座宽度；L_w–轮座宽度；d_1–轴颈直径；d_2–防尘板直径；d_4–轮座直径；d_5–轴身直径。

(1) 轴颈用于安装滚动轴承的部位。

(2) 防尘板座为车轴和防尘板配合部位，其直径比轴颈直径大，比轮座直径小。

(3) 轮座是车轴和车轮配合的部位，是车轴受力最大的部位。

(4) 轴身是两轮座的连接部分，为增加其强度和减少应力集中，车轴轴身呈圆柱形。

(5) 轴端螺栓孔是滚动轴承车轴安装轴端压板的部位，轴端压板的作用是防止滚动轴承内圈从轴颈两端窜出。

(6) 制动盘安装座供压装制动盘用。一般一根车轴上设有两个制动盘安装座 ，过渡圆弧半径为 55 mm。

(二) 车轮

车轮是车辆走行和承载的主要部件之一，车轮按其结构分为整体车轮和带箍车轮两种。整体车轮按其材质可分为辗钢轮和铸钢轮。带箍轮又可分为铸钢辐板轮心、辗钢辐板轮心、铸钢辐条轮心的车轮。为了降低噪声和减小簧下质量，还有橡胶弹性车轮和消声轮等。

整体辗钢轮由轮辋、踏面、轮缘、辐板、轮毂等组成。

车轮与钢轨的接触面称为踏面。一侧沿着圆周突起的圆弧部分称为轮缘，是用来保持车轮沿钢轨运行防止脱轨的重要部分。踏面沿径向的厚度部分称为轮辋。轮毂是车轮和车轴相互配合的部分。轮辋与轮毂相互配合的部分称为辐板。

新型铸钢轮生产工艺过程先进、简单，材料采用电弧炉炼钢和石墨铸钢，其优点是：

(1) 采用了先进生产工艺，尺寸精度和几何形状好，内部质量均匀。

(2) 制造成本低，工序少，生产能耗减少。

(3) 抗疲劳和热裂性好。

车轮的初始形状在运行中将很快磨耗，当磨耗成一定形状后，车轮与钢轨的磨耗都变得缓慢，磨耗后踏面形状将相对稳定，将车轮踏面制造成一定斜度，称为锥形踏面，如图 3-1-3(a)所示，车辆在运行时车轮与钢轨接触的滚动直径在不断地变化，致使轮轨的接触点也在不停地变换位置从而使踏面磨耗更为均匀。通过对踏面的磨耗研究，推出了磨耗形踏面，如 3-1-3(b)所示。

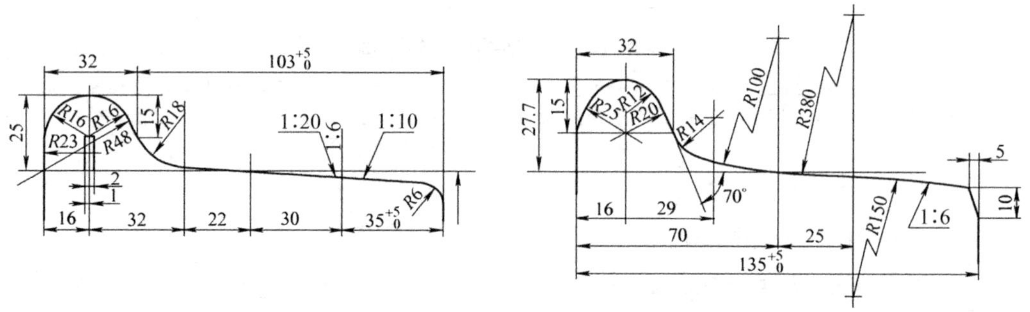

(a)锥形踏面　　(b)磨耗形踏面

图 3-1-3　车轮踏面

车轮轮缘和踏面设计成锥形轮廓的目的：

(1) 便于车辆通过曲线。克服离心力和轮对偏向外轨，减少车轮在钢轨上的滑行。

(2) 可自动调中。踏面中部设有斜度，为使踏面与钢轨顶部接触良好，钢轨铺设时也使它向线路中心有相同的斜度，因此钢轨对车轮的作用力的方向是指向线路中心的，当车辆在线路上运行时，轮对受到横向力的作用，使车辆中心线与轨道中心不一致时，则轮对在滚动过程中能自动纠正偏移方向。

(3) 能顺利通过道岔。踏面的几何形状也应适应通过道岔时的需要。由于尖轨前端面低于基本轨顶面，当轮对由道岔的尖轨过渡到基本轨时，为了防止撞到基本轨，要求踏面具有一定的斜度。并且把踏面的最外侧做成 C5 的倒角，以增大踏面和轨顶的间隔，保证车轮顺利通过道岔。

(4) 使踏面磨耗比较均匀。由于车轮踏面具有一定斜度，当车轮在轨道上运行时，回转圆直径也在不停地变化，致使车轮在钢轨上的接触点也不停地变换位置，使踏面磨耗比较均匀。

(5) 防止车轮脱轨。当车轮通过曲线时，常使轮缘紧靠外侧钢轨，如图 3–1–4 所示，此时如果车轮受到较大的横向力，则车轮可能从轮缘外侧面爬上钢轨而脱轨，但由于轮缘面有一定的斜度，尽管车轮有少量抬起，也会在车轮载荷的作用下顺着轮缘的斜度滑至安全位置。这种情况不但在曲线上出现，在直线区段上轮对受较大的横向水平力时，也会出现。可见轮缘上斜度的大小，对车辆运行的安全有着十分重要的作用。

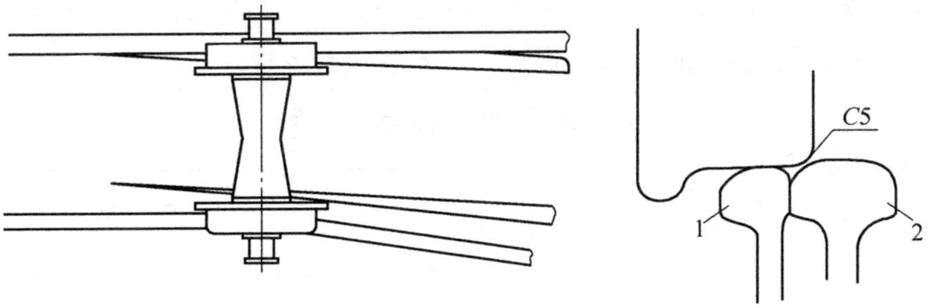

图 3–1–4 轮对通过曲线

1–尖轨；2–基本轨

由于车轮踏面有斜度，各处直径不相同，因此根据国际铁路组织规定，在离轮缘内侧 70 mm 处测量所得的直径为名义直径，作为车轮的滚动圆直径。车轮轮径小，可以降低车辆重心，增大车体容积，减少车辆簧下质量，缩小转向架固定轴距；但阻力增加，轮轨接触应力增大，踏面磨耗加快。

城市轨道交通车辆及高速列车车辆也有采用弹性车轮。这种车轮在轮心轮毂与轮箍之间装有弹性元件，使车轮在空间三维方向上具有一定的弹性。弹性车轮减少了簧下质量，减小了轮轨间的作用力，缓和冲击，减少轮轨磨耗，降低噪声，改善车轮与车轴的运用条件，提高列车运行平稳性。

二、操作步骤

轮对的检修

(1)检查车轴是否已涂打超声波探伤标志，探伤是否合格。

(2)检查车轴油漆是否完好，进行局部找补；检查车轴轴身有无击伤和擦伤。

(3)用踏面靠模检查轮对镟修后踏面是否合格。

(4)检查测量轮对各项尺寸是否符合标准。

(5)检查车轮是否涂打轮辋、轮辐探伤合格标记。

(6)检查车轮注油孔螺栓是否安装良好，防松标记是否涂打。

(7)车轮检修后车轮踏面不允许存在有擦伤、剥离、局部凹入、裂纹、缺损、碾宽及踏面上粘有融化金属,检查轮辋轮缘无磕碰伤、毛刺等缺陷。

(8)检查制动盘螺栓是否已紧固,防松标志是否已正确涂打,无漏。

(9)检查测量制动盘须满足尺寸要求。

(10)检查制动盘是否存在超限裂纹。按照制动盘机加工标准检查制动盘。

(11)检查制动盘侧面散热筋处是否有贯通裂纹,制动盘环连接处(连接螺栓处)是否有裂纹。检查制动盘内的杂物是否已清理干净。

表 3-1-1　轮对检修的标记

标记	修　程	涂 打 要 求
退	返厂轮对	涂打在左侧辐板外侧,且在轴或轮上划“×”
C	超声波探伤检查	涂打在任一车轮的辐板内侧面上
//	镟修踏面	涂打在任一车轮轮辋内侧面上
///	镟修轴颈	涂打在任一车轮轮辋内侧面上
T	提速轮及提速减重轮	涂打在左侧辐板外侧
T	2 年及以上不过期轴承	涂打在右侧辐板外侧
T	不开盖	涂打在车轮辐板内侧

任务评价

表 3-1-2　评价表

评价内容		评价标准	分值	学生自评	教师评价
理论评价	轮对的作用、组成及分类	是否能描述轮对的作用、组成及分类	20 分		
	车轴的分组及分类	是否能描述车轴的分组及分类	20 分		
技能评价	车轴与车轮的检查	是否能对车轴和车轮进行检查	20 分		
	轮对的检修	是否能进行轮对的检修	25 分		

续表

评价内容		评价标准	分值	学生自评	教师评价
情感评价	学习态度	(1)是否能积极思考,回答问题，与教师进行互动;(2)是否有充分的课前准备，教材及学习用品是否齐备	5分		
	操作规范	操作是否规范	5分		
	团队协作(在任务中请教他人或帮助他人)	是否具有团队协作精神	5分		
分值总计			100分		
学习体会					

课后练习

(1) 轮对的作用是什么?

(2) 轮对的主要组成部件有哪些?

(3) 简述轮对的标记种类。

任务二 组装轮对

任务目标

(1) 熟悉轮对的基本组成与要求。
(2) 掌握轮对的组装步骤。
(3) 熟练完成轮对的组装与检查。

任务分析

本任务是了解轮对的压力压装，熟悉轮对车轴的检查方法，以及掌握转向架轮对的组装步骤。

任务实施

一、任务准备

为保证轮对组装的质量和运行安全，轮对在压装时须符合下列要求：组装成轮对的两个车轮必须是同型号、同材质。严禁不同型号或材质的车轮混装组成轮对。

车轮若经过静、动平衡试验，则两车轮的不平衡度应在同一侧面、同一直径平面内。组装表面必须清洁，无任何损伤，压装过盈量的范围应在轮毂孔直径的 0.8‰~1.5‰

之间。同一轮对上,车轮内侧面三处侧距的差值不得超过 1 mm。在同一轮对上的轮位差,不得超过 3 mm(客车为 2 mm)。同一轮对上,两个车轮直径差不得超过 1 mm。厂、段修后,标准轮对内侧距应为(1353±3)mm。车轮的轮缘踏面应符合要求。

轮对组装采用压力机压入法。轮毂孔与轮座的接触部分应选用纯净的植物润滑油。压装时轮轴中心与压力机活塞中心应一致并平行压入。压装速度应保持均匀,压装速度应在 30~200 mm/min 范围内。压装过盈量应符合规定要求,以保证轮毂与轮座间有足够的结合力,又不致使轮毂因过盈量过大而使轮毂产生过大的塑性变形。车轴轮座被压入轮毂孔时的受力情况如图 3-2-1 所示。

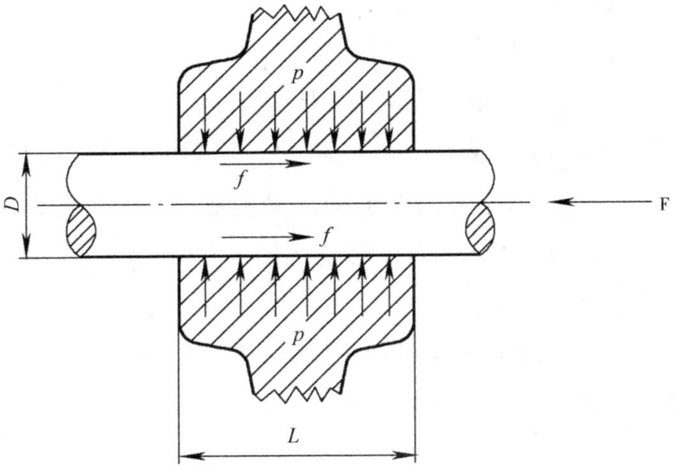

图 3-2-1 车轴轮座被压入轮毂孔时的受力情况

压入力 F 的大小取决于轴、孔的接触面积和摩擦力 f,而 f 是决定车轴与车轮结合是否牢固的主要因素,摩擦力 f 取决于结合处的径向力 p,径向力的值随过盈量的大小变化,它们之间的关系是:

$$F \geqslant p\mu\pi DL$$

式中:F——压入力,单位为 N;D——轮座直径,单位为 mm;L——装配面长度,单位为 mm;μ——摩擦系数;p——配合面的压强,单位为 MPa。

每对轮对组装后应进行压力曲线检验,不符合技术要求的为不合格品。最高运行速度超过 120 km/h 的客车轮对装车前应进行动平衡试验。车轮压装时,轮对组装压装力曲线理论长度计算公式为:

$$S=(L+A-K-r)i$$

式中:S——轮对组装压装力曲线理论长度,单位为 mm;L——车轮轮毂孔长度,单位为 mm;A——伸出于轮毂孔外端的轮座长度,单位为 mm;K——车座前端锥形引入段长度，单位为 mm；r——车轮轮毂孔内侧的圆弧半径，单位为 mm；i——压力指示器的传达系数，即指示器圆筒冲程比活塞冲程的缩短系数，根据各厂压力指示器构造决定。

二、操作步骤

（一）检查车轴

（1）目测车轴轮座表面，不得有任何影响车轮安装或手工操作留下的损伤，如金属的磕碰、裂纹、冲击痕迹、脏污等。

（2）检查轮座表面粗糙度，其应符合技术要求。

（3）表面较浅的缺损可以用磨石去除。

（4）当车轴表面有更大的破损发生时，可以通过对轮座进行机加工来去除表面任何损坏（车轴轮座表面制造时留有 5 mm 的机加工余量值）。轮座就可以达到技术要求的尺寸规定，轮座最大直径尺寸为 198 mm。修复后车轴可以继续使用。

（5）轮座最小直径为 193 mm，若在误差范围内还不能获得正确的车轴表面条件时，就没有修理必要，应更换车轴。

（6）在精密的车床上转动车轴，检查车轴轴颈和车轴中心圆周跳动，若圆周跳动大于 0.5 mm，就没有修理必要，应更换车轴。

（二）组装车轮

（1）轮座直径应提供 0.298~0.345 mm 的过盈量。

（2）检查两个车轮的直径，同一车轴上的车轮轮径差不得超出 0.5 mm。

（3）清理毛刺和污物，用压缩空气枪吹除颗粒杂质及灰尘。

（4）清洁和检查车轴轮座和车轮轮孔状况。测量和记录车轮轮孔直径 d；测量和记录车轴轮座直径 D；计算轮轴过盈量（$D-d$），过盈量必须在规定的 0.298~0.345 mm 范围内。

（5）确保轮孔和轮座清洁，涂抹一薄层动物油脂（工业猪油）在轮轴配合面。

（6）用聚酯衬套或相似手段保护轴颈。

（7）把车轮推入压装设备的车轮保护装置上，车轮的残余静不平衡标记的方向一致。

（8）在轮对压装机上，安装支撑套筒。

（9）根据车轮压装程序将车轮压装在车轴上。

（10）检验车轮压装过程，压力载荷平稳上升，压力应保持在 600~1 110 kN。注意在压装结束后最小压力应为 600 kN，最大压力不超过 1 110 kN。并根据轮对外形和表 3-2-1 所列检查标准进行轮对尺寸检查。

表 3-2-1 轮对尺寸检查标准

项目	参数
轮对内侧距(测量三点)	1353~1355 mm
车轮侧面跳动	≤0.5 mm
车辆圆周跳动	≤0.5 mm
a、b 差值	≤1 mm
电阻测试(在两个车轮踏面间进行电阻测试)	<0.01 Ω

拓展知识

2015 年长春车辆段全面使用 TZ-2 型便携式超声波探伤仪，对客车轮对进行“B 超”检查，改变了以往需先将车辆甩下再进行探伤作业的方式，有效提高了客车安全系数。

TZ-2 型便携式超声波探伤仪，采用脉冲反射法的工作原理，具有轮辋测量范围大，测量时间短、精度高，故障显示直观、使用简便等优点。测量一个轮辋时间为 3~4 min，测量一辆车轮辋只需 30 min。一旦发现缺陷故障，探伤仪便会自动报警提示。

任务评价

表 3-2-2 评价表

评价内容		评价标准	分值	学生自评	教师评价
理论评价	轮对组装的一般要求	是否清楚什么情况禁止组装	10 分		
		是否了解误差标准	10 分		
技能评价	轮对车轴的检查及轮对车轮的组装步骤	是否掌握检查粗糙度的技能	10 分		
		是否掌握机加工的技能	10 分		
		是否掌握更换车轴的技能	10 分		
		是否掌握测轮距的技能	10 分		
		是否掌握清理轮对的技能	10 分		
		是否掌握压装轮对的技能	20 分		

续表

评价内容		评价标准	分值	学生自评	教师评价
情感评价	学习态度	(1)是否能积极思考,回答问题,与教师进行互动 (2)是否有充分的课前准备,教材及学习用品是否齐备	4分		
	操作规范	操作是否规范	3分		
	团队协作(在任务中请教他人或帮助他人)	是否具有团队协作精神	3分		
分值总计			100分		
学习体会					

课后练习

(1) 简述轮对组装的一般要求。

(2) 简述轮对车轴检查的步骤和方法。

(3) 简述轮对车轮的组装步骤。

任务三 认识轴箱装置结构

任务目标

(1) 熟悉轮对轴箱装置的基本结构及功用。
(2) 掌握轴箱装置的结构分解。
(3) 熟练完成轴箱装置的清洗。

任务分析

本任务认识轴箱的基本组成部分，了解滚动轴承的分类情况，并掌握轴箱装置分解与清洗的步骤方法。

任务实施

一、任务准备

(一) 轴箱的组成

轴箱由轴箱体、圆柱或圆锥滚动轴承、轴箱盖、迷宫环、密封圈、各类传感器、紧固件等组成。

（二）轴箱的功用

(1) 连接轮对与侧架(或构架)，保持轴颈与轴承处于正常位置。

(2) 将车体重量传给轮对。

(3) 润滑高速转动的轴颈，减少摩擦，降低运行阻力，防止热轴。

(4) 防止沙尘、雨水等异物进入轴承及轴颈等部分，保证车辆安全运行。

（三）滚动轴承轴箱装置

轴箱轴承装置，如图 3-3-1 所示。轴箱安装双排单列圆柱滚动轴承。

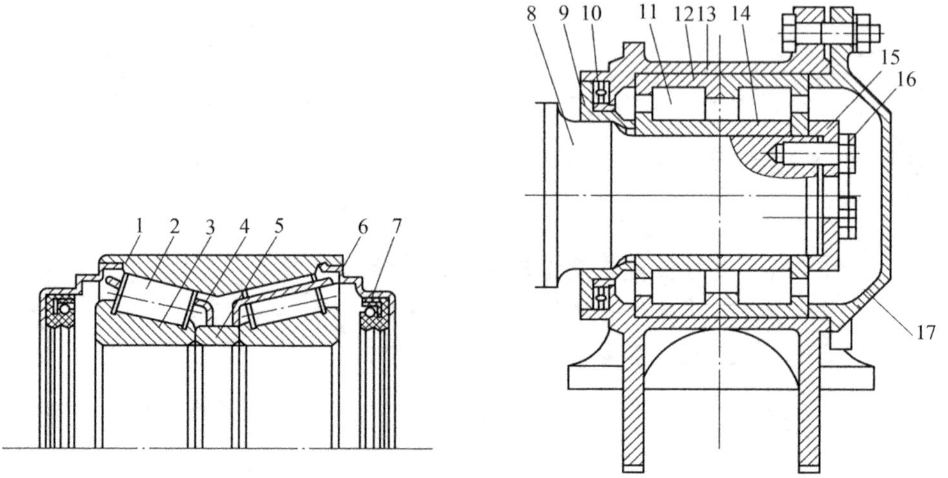

(a)　　　　(b)

图 3-3-1　轴箱轴承

1,12—外圈；2—滚子；3,14—内圈；4—保持架；5—中隔圈；6—密封圈；7,10—密封；8—车轴；9—防尘挡圈；11—滚柱；13—轴箱；15—内圈压板；16—螺栓；17—轴箱盖

滚动轴承可分为圆柱滚动轴承、圆锥滚动轴承、向心推力轴承。圆柱滚动轴承主要承载径向力载荷；圆锥滚动轴承主要承载轴向力载荷；向心推力轴承承载径向和轴向的载荷。滚动轴承结构主要由轴承外圈、滚动体、保持架、轴承内圈组成。如图 3-3-2 所示。

图 3-3-2　各种滚动轴承结构

滚动轴承轴箱装置一般发生故障概率较小，但由于材质、安装、搬运、震动以及受力情况等原因，也会发生故障，有些因轴承故障会对行车安全构成威胁。对于轴箱滚动轴承的维修应由车辆检修基地来完成维修作业。对滚动轴承轴箱装置检修的工艺流程如图 3-3-3 所示。

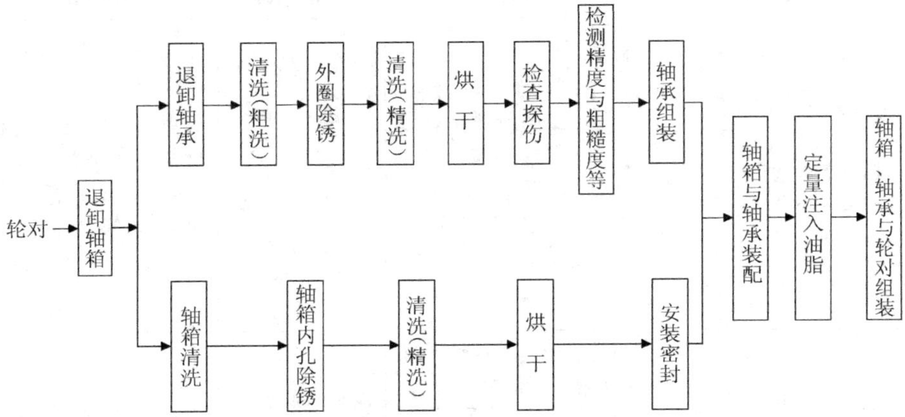

图 3-3-3　滚动轴承轴箱装置检修工艺流程

二、操作步骤

轴箱装置日常检查时，应检查外盖螺栓及油脂渗漏情况，应无松动、无渗漏；检查轴箱止挡是否正常；轴箱拉杆、端部螺栓及开口销是否松动、丢失。架修、大修检查时，需要分解轴箱，对所有零部件进行清洗、检测。

（一）分解轴箱

（1）从轮对上拆吊轴箱见转向架分解过程。注意按轴位顺序编号。

（2）拆下前端盖（有接地装置的先拆下接地装置）、挡油盘、接地圆盘和轴头挡板。

（3）取出轴箱弹簧，送压力机处分解成自由状态。

（4）拆下轴箱拉杆安装螺栓，利用楔铁打下轴箱拉杆，送至检修处所。

（5）拆下轴箱后盖螺栓，取下后盖。注意和轴箱对应编号。

（6）拆下轴承，和轴箱对应编号后送轴承检测中心进行检查、检测。

（二）清洗轴箱

（1）用专用清洗剂清洗轴箱体及前、后端盖。

（2）将前、后端盖内的毛毡条取出，并放入干净的机油中浸泡。

（3）用轴承清洗设备清洗轴承。

（4）清洗轴箱弹簧。

（5）清洗轴箱拉杆。

（6）将清洗后的各部件用压缩空气吹扫干净。

拓展知识

表 3-3-1 轮对轴箱失效模式后果分析

项目	失效模式	失效原因	可能后果	可能措施
车轮	(1)踏面擦伤 (2)踏面剥离 (3)踏面圆周磨耗 (4)轮缘磨耗 (5)车轮变形	(1)制动系统故障 (2)车轮材质不合格 (3)车辆偏载 (4)闸瓦质量不合格 (5)加工工艺不符合要求	列车运行不平稳；车轮磨耗变大；列车不易通过曲线；轮轨之间接触应力变大	加强车轮、闸瓦、钢轨材质、综合性能研究，改善加工工艺；加强轮对检修质量控制
车轴	(1)轴身锈蚀 (2)车轴出现裂纹 (3)车轴被轴承内圈切断	(1)轴身的油漆防护措施不严 (2)工艺质量差 (3)列车运行工况恶劣 (4)滚动轴承发生故障	影响列车运行性能；严重时会造成列车脱轨	优化车辆自身性能；提升配件检修的质量控制；改善加工工艺
轴承	(1)轴承保持架故障 (2)轴承滚子故障 (3)轴承外圈故障 (4)轴承内径故障	(1)应力集中 (2)冲击震动 (3)材质不良 (4)润滑不良 (5)过载应力	影响列车运行平稳性；严重时会导致切轴，进而导致脱轨	确保轴承所用的材料质量；严格控制轴承的初检和检测质量；确保轴承的良好润滑；在轴箱盖上用轴温报警器进行实时监控
轴箱体	轴箱端盖脱落	(1)加工工艺不符合要求 (2)轴箱体材料不符合要求 (3)轴箱体本身的结构设计有缺陷	轴承运行条件变恶劣，减短轴承寿命	优化车辆动力学性能；优化轴箱体结构设计；加强加工制造质量管理

任务评价

表 3-3-2 评价表

评价内容		评价标准	分值	学生自评	教师评价
理论评价	轴箱的作用与组成	是否能描述轮对组装要求	20 分		
	滚动轴承的分类	是否能描述轮对的误差标准	20 分		
技能评价	拆装轴箱	是否会拆卸轴箱和轴承	20 分		
	清洗轴箱	(1)是否会清洗轴箱外部 (2)是否会清洗轴承部件	25 分		
情感评价	学习态度	(1)是否能积极思考,回答问题,与教师进行互动 (2)是否有充分的课前准备,教材及学习用品是否齐备	5 分		
	操作规范	操作是否规范	5 分		
	团队协作(在任务中请教他人或帮助他人)	是否具有团队协作精神	5 分		
分值总计			100 分		
学习体会					

课后练习

(1) 轴箱装置的功用是什么？它由哪些主要部件组成？

(2) 简述轴箱装置中滚动轴承的特点。

(3) 简述轴箱装置分解与清洗的步骤方法。

任务四 检修滚动轴承轴箱装置

任务目标

(1) 掌握滚动轴承轴箱装置的组成。
(2) 掌握滚动轴承轴箱装置的检修。

任务分析

本任务了解滚动轴承轴箱装置的各组成部分以及各部分的作用，深度了解橡胶、金属和圆锥轴箱装置组成部分的区别,并掌握车轴外观故障检查的方法。

任务实施

一、任务准备

我国轨道交通客车上使用的滚动轴承轴箱装置按密封形式不同分为橡胶油封式轴箱装置和金属迷宫密封式轴箱装置。

(一) 橡胶油封密封式轴箱装置

橡胶油封密封式轴箱装置由轴箱体、轴箱后盖、防尘挡圈、橡胶油封、轴箱前盖、压板等组成,如图 3-4-1 所示。

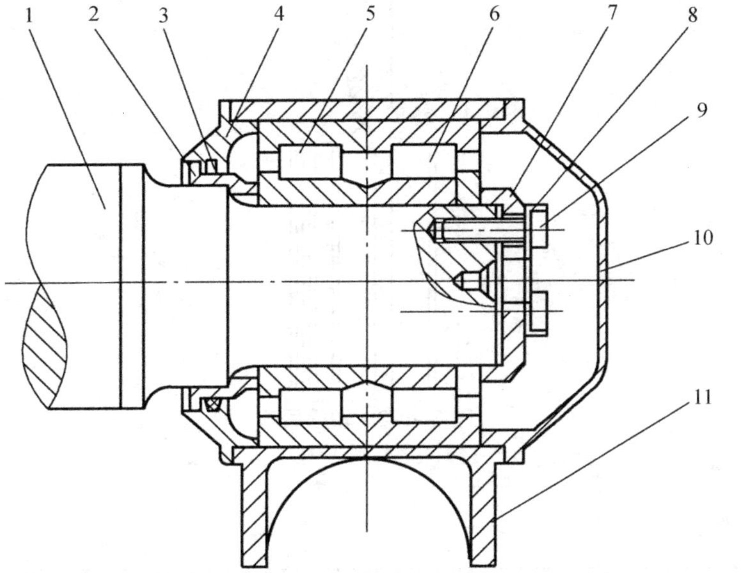

图 3-4-1 橡胶油封密封式轴箱装置

1-车轴;2-防尘挡圈;3-橡胶油封;4-轴箱后盖;5,6-轴承;7-压板;8-防松片;9-螺栓;10-轴箱前盖;11-轴箱体

1.轴箱体

轴箱体为铸钢筒形结构,两侧铸有弹簧托盘,用来安装轴箱弹簧等配件。筒两端各有 4 个轴箱耳,分别与轴箱前、后盖用螺栓连接,如图 3-4-2 所示。轴箱筒内安装滚动轴承,与轴承外圈为间隙配合。其主要作用是组装、支承各零件,连接构架,传递载荷。

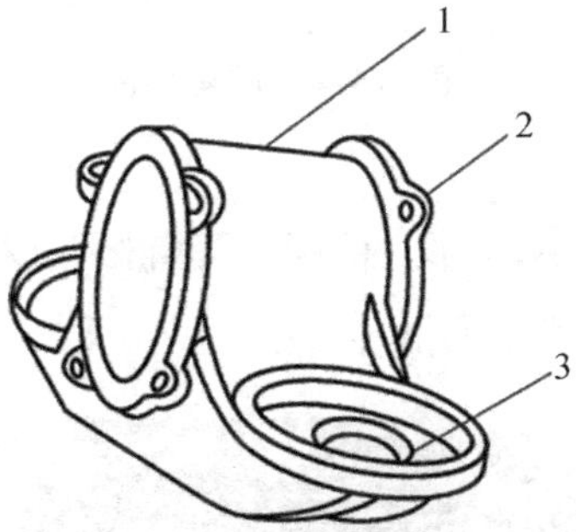

图 3-4-2 轴箱体

1-轴箱筒;2-轴箱耳;3-弹簧托盘

2.轴箱后盖

轴箱后盖如图 3-4-3 所示,安装于内侧轴箱体筒内,支承内侧轴承外圈。在凸起缘外圆周面上和根部设有密封圈槽,用以安装密封圈。在内圆周面安装橡胶油封。

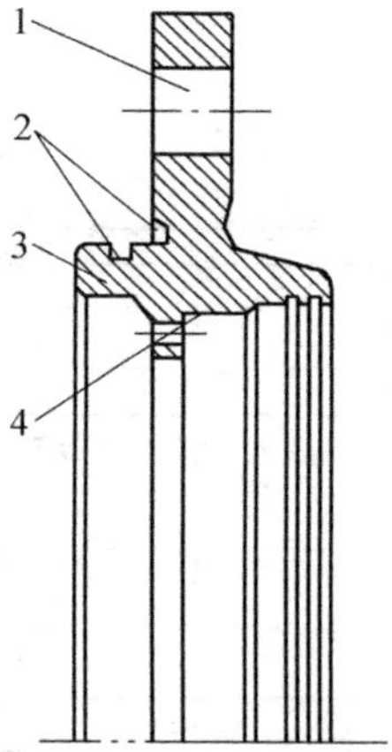

图 3-4-3 轴箱后盖

1-螺栓孔;2-密封圈槽;3-凸起缘;4-橡胶油封座

3.防尘挡圈

防尘挡圈如图 3-4-4 所示,过盈配合于车轴防尘板座上,与橡胶油封配合起密封作用,其内圆周端面支承内侧轴承内圆端面。

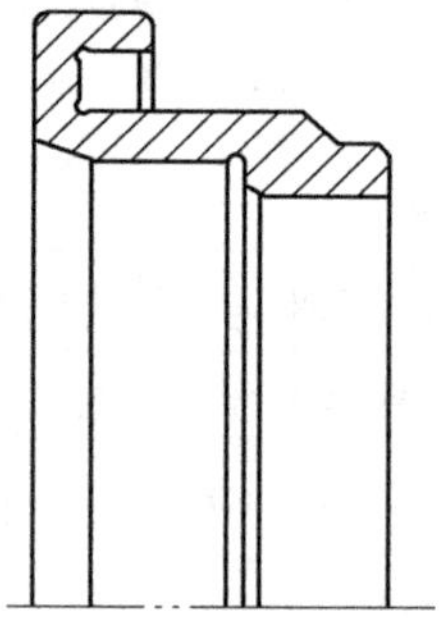

图 3-4-4 防尘挡圈

4.橡胶油封

橡胶油封如图 3-4-5 所示,橡胶油封内有钢骨架,以增加其刚度。橡胶油封安装在轴箱后盖内圆周面上,与防尘挡圈配合。

图 3-4-5 橡胶油封

5.轴箱前盖

轴箱前盖如图 3–4–6 所示，内侧凸起缘嵌入轴箱体筒内支承外侧轴承外圈。在凸起缘外圆周上和根部设有密封圈槽，以安装密封圈。轴箱前盖的作用是密封轴箱前部。橡胶油封式和金属迷宫式两种轴箱密封装置的前盖构造相同。轴箱前盖组装时，其凸起缘必须压紧外侧轴承外圈端面。为此，前盖外缘与轴箱体前端面必须留有 0.5~1.5 mm 间隙。

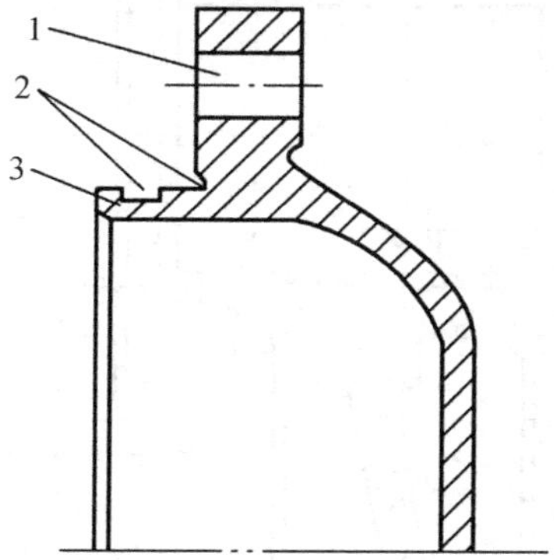

图 3–4–6 轴箱前盖

1–螺栓孔；2–密封圈槽；3–凸起缘

6.压板

压板用 3 个螺栓固定在车轴端面上，在螺栓和压板之间安装防松片，以防止螺栓松动。压板内侧凸起缘顶在外侧轴承内圈端面，起支承作用。橡胶迷宫式和金属迷宫式两种轴箱密封装置的压板结构相同，如图 3–4–7 所示。

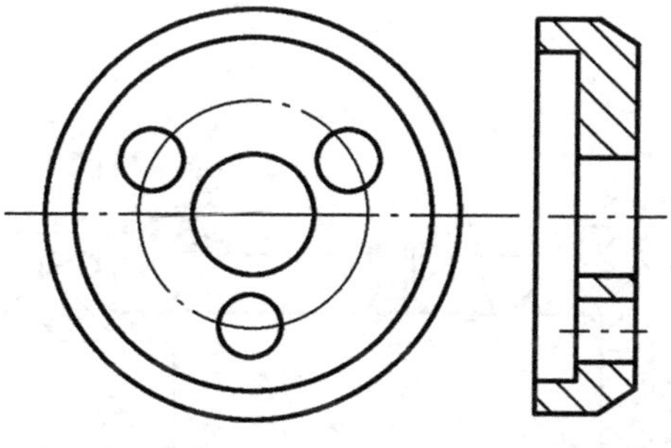

图 3–4–7 压板

采用 RD_4(RC_4)型车轴的轴箱装置，车轴一端安装有发电机传递带轮，除轴箱前盖和前端密封与 RD_3(RC_3)轴箱不同，其余部分相同，如图 3–4–8 所示。

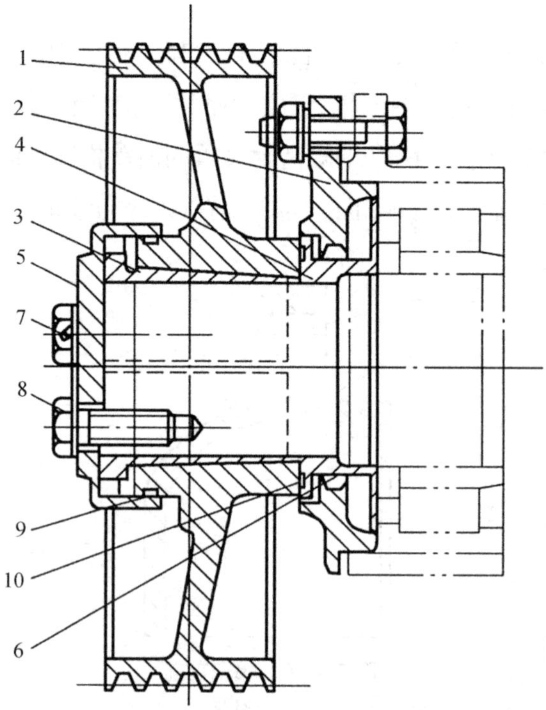

图 3-4-8　RD_4(RC_4)型车轴传动带轮

1-轴端 V 形带轮；2-轴箱前盖；3-退卸套；4-顶套；5-轴端压盖；6-毡封；7-防松片；8-螺栓；9，10-O 型密封圈

(二)金属迷宫密封式轴箱装置

金属迷宫密封式轴箱不带轴箱后盖，在轴箱体后端设有迷宫槽，迷宫槽的底部设有排水孔。在圆筒内后端设有凸台，以支撑内侧轴承的外圈，其结构如图 3-4-9 所示。

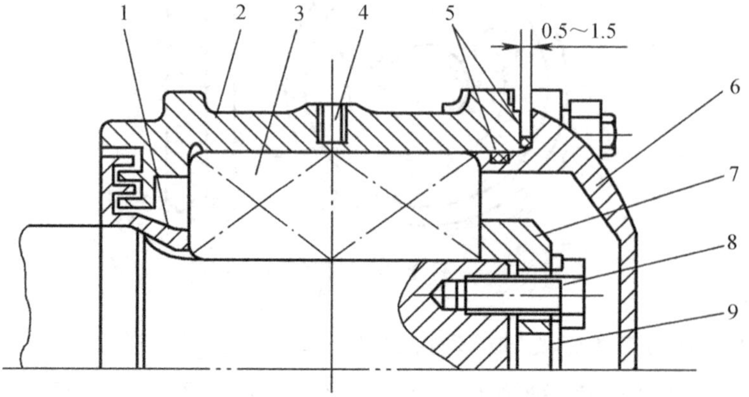

图 3-4-9　金属迷宫密封式轴箱装置

1-防尘挡圈；2-轴箱体；3-圆柱滚子轴承；4-轴温报警器安装孔；5-密封圈；6-轴箱前盖；7-压板；8-压板螺栓；9-防松片

1.轴箱体

轴箱体与橡胶油封密封式轴箱体基本相同。所不同的是轴箱体后端不设轴箱耳(没有轴向后盖),而设有迷宫槽,与防尘挡圈迷宫槽配合起密封作用,并在后端筒内设有台阶,以支承内侧轴承外圈,如图 3−4−10 所示。

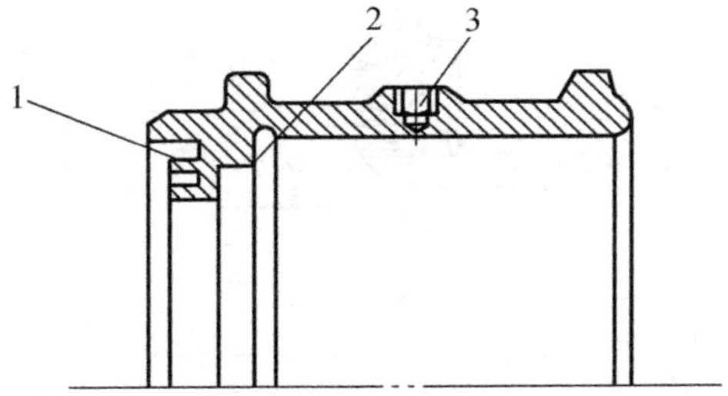

图 3−4−10 轴箱体

1−迷宫;2−台阶;3−轴温报警器安装孔

转臂式轴箱定位装置，其轴向装置采用金属迷宫式密封，轴承为短圆柱滚子轴承。轴箱只有一侧铸有弹簧托盘,弹簧托盘外侧铸有垂直油压减振器安装孔和轴箱控制杆定位销孔,轴箱另一侧铸有弹簧定位套孔。通过弹性定位套与构架上的定位座连接。轴箱结构的设计可使垂直载荷在轴箱弹簧和弹性定位套之间的分配比例为 2:1,可以改善轴箱弹簧的受力状态。转臂式轴箱如图 3−4−11 所示。

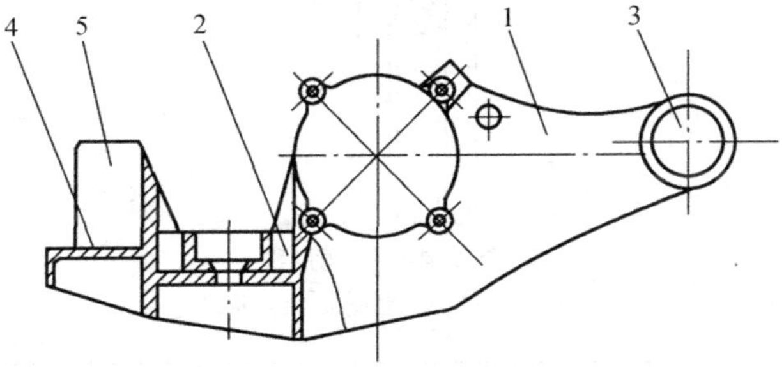

图 3−4−11 转臂式轴箱

1−轴箱体;2−弹簧托盘;3−弹性定位套孔;4−油压减振器安装孔;5−轴箱控制杆座

2.防尘挡圈

防尘挡圈与防尘座过盈配合,其外圆设有迷宫槽,与箱体上迷宫槽配合。内圆端面支承内侧轴承内圆面,如图 3−4−12 所示。

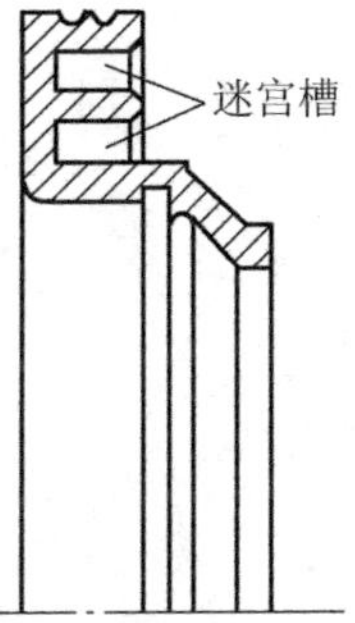

图 3−4−12 防尘挡圈

3.轴箱前盖装置

发电机传动带轮车轴轴箱前盖装置，由前盖和顶套组成，如图 3-4-13 所示。

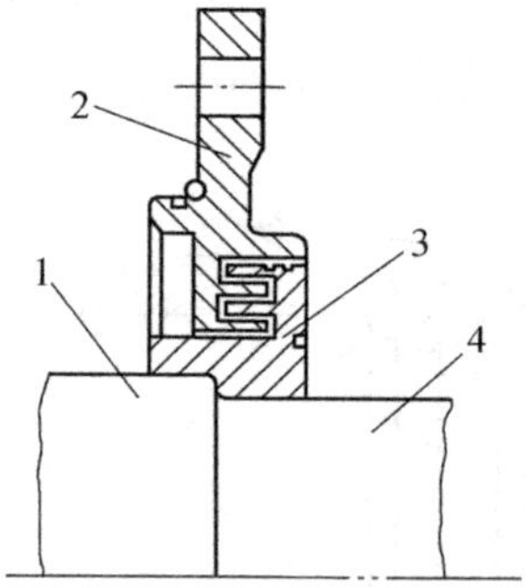

图 3-4-13 轴箱前盖装置

1-轴颈;2-前盖;3-顶套;4-传动带轮

(1)前盖与一般前盖基本相同，中间为一个透孔，设有迷宫槽，与顶套迷宫槽配合起密封作用，如图 3-4-14 所示。

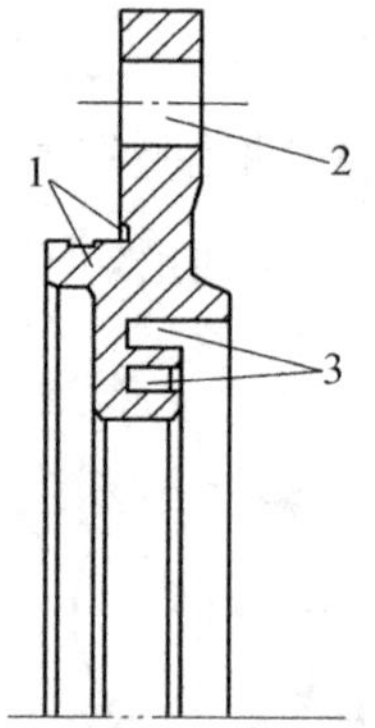

图 3-4-14 前盖

1-密封圈槽;2-螺栓孔;3-迷宫槽

(2)顶套外圆设有迷宫槽，与前盖迷宫槽配合。内圆端面支承外侧轴承内圈。外端面上设有密封圈槽，用于安装密封圈，与传动带轮配合起密封作用，如图 3-4-15 所示。

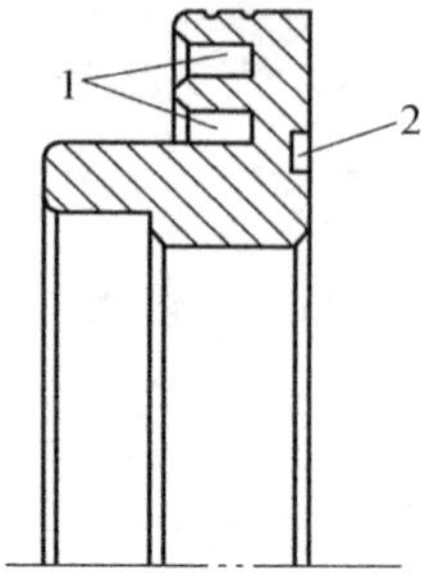

图 3-4-15 顶套

1-迷宫槽;2-密封圈槽

车辆在大修时，应对滚动轴承进行全面的分解检查，当有裂纹、破损、剥离、锈蚀、保持架变形或磨损、擦伤等缺陷时应及时维修或更换新轴承。

(三) 无轴箱圆锥滚子轴承装置

无轴箱圆锥滚子轴承装置由外圈、内圈、滚子、保持架、中隔圈、密封座、密封罩、油封、前盖、后挡、螺栓、防松片和承载鞍等组成，如图 3-4-16 所示。

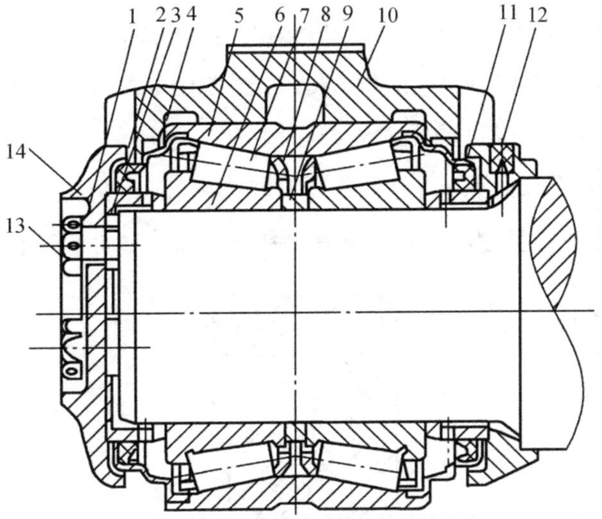

图 3-4-16　无轴箱圆锥滚子轴承装置

1-防松片；2-密封座；3-油封；4-密封罩；5-外圈；6-内圈；7-滚子；8-保持架；9-中隔圈；10-承载鞍；11-后挡；12-通气螺栓；13-螺栓；14-前盖

1.外圈

轴承的外圈是一个内筒面带有 2 个圆锥滚道的套筒，两端设有牙口和油沟，用以嵌入密封罩凸台，保持密封罩不至于发生脱落并防止润滑油脂外泄。内圈外圆面有圆锥滚道和大、小两个挡边，内圆面与车轮轴颈为过盈配合，采用冷压方式装配，为防止拉伤轴颈，两端都设有倒角。每套轴承两个内圈，两小端相对安装。内外圈均采用渗碳轴承钢，经过渗碳淬火热处理，获得表层硬度高、心部韧性好的良好组织结构，不仅提高了轴承内外圈表面的耐磨性，而且保持了较高的韧性，从而提高了抗压强度和冲击韧性。为了防止内外圈锈蚀和提高润滑效果，其表面全部进行了磷化处理。

2.滚子

滚子为 GCr15 轴承钢制造的圆锥体结构，经过完全淬火热处理，硬度为 60~64HRC。为使滚子与滚道的接触应力分布均匀，避免滚子端部产生应力集中现象，滚子两端均带有弧坡。

3.保持架

保持架由10号低碳钢冲压而成，它将滚子和内圈组合在一起，其表面也进行了磷化处理。

4.中隔圈

中隔圈由45号钢制造，其表面经过磷化处理，放置在两内圈之间，起到隔离作用，并可通过选择不同宽度的中隔圈，来调整轴承的轴向游隙。

5.密封装置

圆锥轴承的密封装置由密封罩、油封、油封座组成，轴承前后端各装一套。其作用是防止油脂外泄及外部沙尘和雨雪的侵入。密封罩由2.2 mm钢板压制成型后再经过磷化处理，它的大端外径以过盈压入外圈牙口，另一端压装有油封。密封罩大端外径设有凸台，当压入外圈牙口后，凸台卡在牙口油沟内，防止密封罩在使用过程中脱出。橡胶油封是由橡胶密封圈、钢骨架、自紧弹簧组成，如图3-4-17所示。

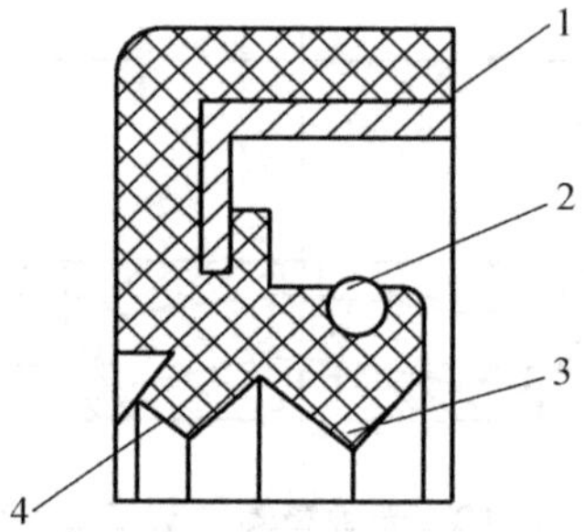

图 3-4-17　橡胶油封

1-钢骨架;2-自紧弹簧;3-主唇口;4-副唇口

橡胶密封圈由耐油丁腈橡胶硫化在钢骨架上，压入密封罩内。钢骨架采用1.5 mm的钢板冲压成型，其作用是保持橡胶密封圈的几何形状，且在压入装配和退卸时不易变形。油封的两个唇口与密封座外圆面过盈配合，主唇口的作用主要是密封，防止润滑剂外泄，副唇口的作用主要是防止外部异物侵入。自紧弹簧由直径为0.5 mm的钢绕制成环形再对接成圆形，套在橡胶密封圈弹簧槽内，使油封主唇口与密封座保持合适的过盈量，保证唇口有稳定的密封性。密封座由GCr15钢制成，其内圆断面为“¬ ”形，形成两个圆孔结构，小孔与轴颈过盈配合，大圆孔内圆面与轴颈表面的缝隙形成进油和排气通路。其圆柱壁上有4个油孔，以供加油时油脂进出和排气之用。密封座与轴承内圈接触一端的外径面加工成一段锥形，以免组装时，在插入油封的过程中，使油封副唇口翻边或损伤唇口。密封座外圆面粗糙度极低，以减少油封的阻力和磨损。

6.后挡

后挡如图 3-4-18 所示。其凸起缘遮住密封罩后端,起保护作用。其密封座槽为内侧密封座支承。后挡的防尘板座槽过盈配合于防尘板座上。

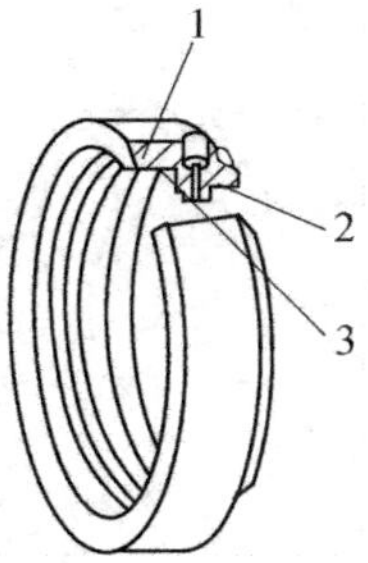

图 3-4-18 后挡

1-凸起缘;2-防尘板座槽;3-密封座槽

7.前盖

前盖如图 3-4-19 所示。由 30 号钢或 Q235 钢经模锻加工而成,表面经磷化处理。它通过 3 个螺栓安装在轴端部,随轴一同旋转。前盖紧压着密封座,使轴承在运转中不至于因轴向力的作用而分离,保持轴承有正常的轴向游隙进行工作。

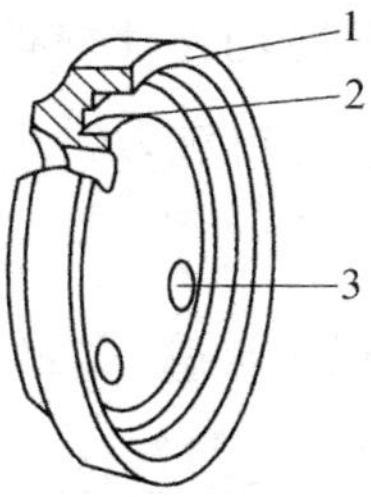

图 3-4-19 前盖

1-凸起缘;2-密封槽座;3-螺栓孔

8.防松片

防松片由厚 1.5 mm 单钢板压制而成,如图 3-4-20 所示。防松片安装在前盖与螺栓之间,螺栓拧紧后,将止耳撬起,挡住螺栓头部,起到防止螺栓松动的作用。防松片为一次性使用零件,不可重复。

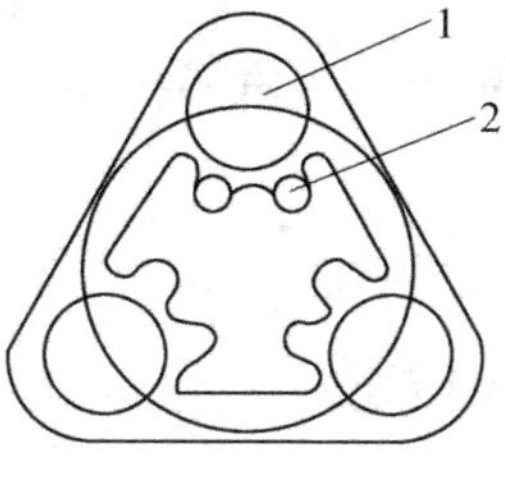

图 3-4-20 防松片

1-螺栓孔;2-止耳

9.承载鞍

承载鞍由铸钢制成,如图 3-4-21 所示。它是无轴箱轴承与转向架侧架的连接部件,在承载鞍顶部制有圆弧面,以使车体传来的载荷集中在圆弧面中部,然后再平均分布到轴承和轴颈上。

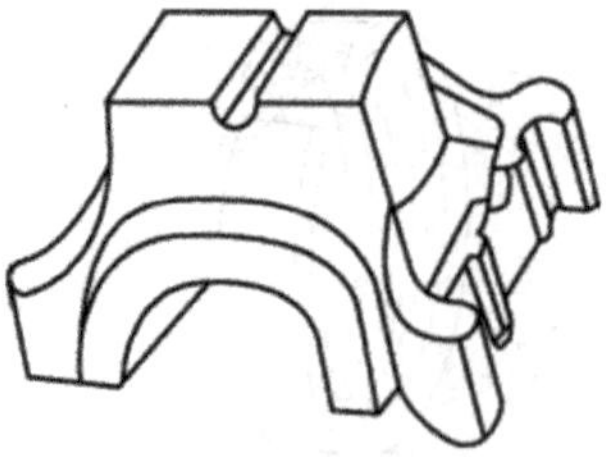

图 3-4-21 承载鞍

二、操作步骤

(一) 轴箱的检修

检查轴箱体外观有无裂纹、破损,若有应更换新件;轴箱体内表面有擦痕、划痕但不超过规定的深度时,经用锉刀、油石、砂布打磨修理后允许继续使用;金属迷宫密封沟槽上不得有凹痕、变形,若有应更换轴箱体新件;锈蚀、毛刺等须清除;密封沟槽局部轻微变形,应进行钳工维修处理,修理后经检测合格后可以继续使用。

(二) 车轴的检修

车轴在日常检查时,需要通过目测检查车轴轴身的质量情况,要求无裂纹和无磕碰伤。架修和大修时还须对车轴表面进行探伤, 对齿轮嵌入部位进行超声波探伤检查,如图 3-4-22 所示。

图 3-4-22 车轴外观检查

1.车轴外观检查

(1)检查车轴可见区域的凹痕和刻痕。

(2)检查车轴的各过渡圆弧半径处。

2.车轴故障检查修理

(1) 在车轴轴身上对于小于 1 mm 深度的凹痕可以采用 120 目或更高的粗砂纸

打磨去除，按纵向方向打磨，打磨后再用磁粉对相关区域检修探伤检测，不允许有裂纹产生。

(2) 若发现车轴轴身上有磕碰伤印痕深度大于 1 mm，则更换轮对。

(3) 在过渡圆弧处不允许出现磕碰伤或裂纹，若发现则更换轮对。

(4) 车轴内部的缺陷，如内部的裂纹、气孔、夹渣等缺陷，需使用超声探伤仪进行探伤检查，若有缺陷则需更换轮对。

(5) 车轴轮座若有拉毛或损伤时，应进行打磨处理。

(6) 其他轴身若有较小的缺陷时可用电喷涂、电刷镀工艺方法对表面进行修复。

(7) 对车轴进行补漆、防锈处理，并标识。

(8) 记录有关数据信息。

(三) 轴承的检修

1.轴承分解

将滚动体、保持架全部移出外圈滚道。

注意：分解的零部件必须编号和按分解顺序摆放。

2.轴承检查

用干净的布或棉纱将轴承擦拭干净，逐一检查轴承各零件有无缺陷，若有则更换新件。

3.轴承修理

对轴承内、外圈表面和滚动体表面的轻微的压痕、锈点，可用油石和砂布进行处理，清除全部痕迹，零件表面粗糙度达到要求后，零件可以继续使用，轴承组装后应检查达到规定的精度标准才可继续使用；轴承内圈表面若有缺陷，应更换新轴承；保持架上的毛刺应清理干净，若有缺陷应更换新轴承。

4.轴承组装

将经检查修理确认符合要求的轴承零件进行组装，并进行转动灵活性检查和用检测仪器测量轴承外径、内径、径向游隙和轴向游隙等数值。

(四) 其他零件的检修

(1) 轴箱前盖。检查前盖有无裂纹、凹痕、变形、锈蚀、毛刺等缺陷，若有应进行相应的钳工修理或更换新件；所有的橡胶密封圈必须更换新件。

(2) 防尘挡圈。检查防尘挡圈沟槽上有无裂纹、缺陷、变形，对锈蚀和毛刺进行清除处理。

(3) 迷宫环、密封圈、层叠环在检修时不论好坏，都必须更换新件。

(4) 各类传感器对轴箱中的防滑传感器、速度传感器按技术要求进行拆装检查，不符合技术要求的传感器应更换新件。

拓展知识

滚动轴承按结构的分类

1.深沟球轴承

深沟球轴承结构简单，使用方便，是生产批量最大，应用范围最广的一类轴承。它主要用于承受径向载荷，也可承受一定的轴向载荷。当轴承的径向游隙加大时，具有角接触轴承的功能，可承受较大的轴向载荷。常应用于汽车、拖拉机、机床、电机、水泵、农业机械和纺织机械等。

2.调心球轴承

调心球轴承有两列钢球，内圈有两条滚道，外圈滚道为内球面形，具有自动调心的性能。可以自动补偿由于轴的绕曲和壳体变形产生的同轴度误差，适用于支承座孔不能保证严格同轴度的部件中。该种轴承主要承受径向载荷，在承受径向载荷的同时，亦可承受少量的轴向载荷，通常不用于承受纯轴向载荷，如承受纯轴向载荷，只有一列钢球受力。主要用在联合收割机等农业机械、鼓风机、造纸机、纺织机械、木工机械、桥式吊车走轮及传动轴上。

3.滚针轴承

滚针轴承装有细而长的滚子(滚子长度为直径的 3~10 倍，直径一般不大于 5 mm)，因此径向结构紧凑，其内径尺寸和载荷能力与其他类型轴承相同时，外径最小，特别适用于径向安装尺寸受限制的支承结构。根据使用场合不同，可选用无内圈的轴承或滚针和保持架组件，此时与轴承相配的轴颈表面和外壳孔表面直接作为轴承的内外滚动表面，为保持载荷能力和运转性能与有套圈轴承相同，轴或外壳孔滚道表面的硬度、加工精度和表面质量应与轴承套圈的滚道相仿。此种轴承仅能承受径向载荷。例如万向节轴、液压泵、薄板轧机、凿岩机、机床齿轮箱、汽车以及拖拉机变速箱等。

4. 推力球轴承

推力球轴承是一种分离型轴承，轴圈、座圈可以和保持架、钢球的组件分离。轴圈是与轴相配合的套圈，座圈是与轴承座孔相配合的套圈，和轴之间有间隙。 推力球轴承只能承受轴向负荷，单向推力球轴承只能承受一个方向的轴向负荷，双向推力球轴承可以承受两个方向的轴向负荷。推力球轴承不能限制轴的径向位移，极限转速很低。单向推力球轴承可以限制轴和壳体的一个方向的轴向位移,双向轴承可以限制两个方向的轴向位移。主要应用于汽车转向机构、机床主轴。

5.圆锥滚子轴承

圆锥滚子轴承主要适用于承受以径向载荷为主的径向与轴向联合载荷，而大锥角圆锥滚子轴承可以用于承受以轴向载荷为主的径、轴向联合载荷。此种轴承为分离型轴承,其内圈(含圆锥滚子和保持架)和外圈可以分别安装。在安装和使用过程中可以调整轴承的径向游隙和轴向游隙,也可以预过盈安装用于汽车后桥轮毂、大型机床主轴、大功率减速器、车轴轴承箱、输送装置的滚轮。

6.圆柱滚子轴承

圆柱滚子轴承的滚子通常由一个轴承套圈的两个挡边引导,保持架、滚子和引导套圈组成一组合件,可与另一个轴承套圈分离,属于可分离轴承。此种轴承安装、拆卸比较方便,尤其是当要求内外圈与轴壳体都是过盈配合时更显示优点。此类轴承一般只用于承受径向载荷，只有内外圈均带挡边的单列轴承可承受较小的定常轴向载荷或较大的间歇轴向载荷。主要用于大型电机、机床主轴、车轴轴箱、柴油机曲轴以及汽车、拖拉机的变速箱等。

7.调心滚子轴承

调心滚子轴承具有两列滚子,主要用于承受径向载荷,同时也能承受任一方向的轴向载荷。该种轴承径向载荷能力高,特别适用于重载或振动载荷下工作,但不能承受纯轴向载荷;调心性能良好,能补偿同轴度误差。主要用途:造纸机械、减速装置、铁路车辆车轴、轧钢机齿轮箱座、破碎机、各类产业用减速机等。

任务评价

表 3-4-1　评价表

评价内容		评价标准	分值	学生自评	教师评价
理论评价	轴箱的重要零件	是否能描述轴箱重要零部件	20 分		
	轴箱各部件	是否能描述轴箱各部件的作用	20 分		
技能评价	轴箱检修	是否会检修轴箱	20 分		
	轴承检修	(1)是否会检修车轴 (2)是否会检修轴箱轴承	25 分		
情感评价	学习态度	(1)是否能积极思考，回答问题，与教师进行互动 (2)是否有充分的课前准备，教材及学习用品是否齐备	5 分		
	操作规范	操作是否规范	5 分		
	团队协作(在任务中请教他人或帮助他人)	是否具有团队协作精神	5 分		
分值总计			100 分		
学习体会					

课后练习

(1) 简述滚动轴承轴箱装置的组成及作用。

(2) 简述轴承检修的步骤方法。

项目四 检修弹簧减振装置

项目描述

前面我们学习了轮对轴箱装置，了解了轮对的组成、轮对的检修方法。现在我们将认识弹簧减振装置，弹簧减振装置主要用来抑制弹簧吸震后反弹时的振荡及来自路面的冲击。在经过不平路面时，虽然吸震弹簧可以过滤路面的震动，但弹簧自身还会有往复运动，而减振器就是用来抑制这种弹簧跳跃的。减振器太软，车身就会上下跳跃，减振器太硬，就会带来太大的阻力，妨碍弹簧正常工作。在关于悬挂系统的改装过程中，硬的减振器要与硬的弹簧相搭配；而弹簧的硬度又与车重息息相关，因此较重的车一般采用较硬的减振器。与引振曲轴相接的装置，用来抗衡曲轴的扭转振动(即曲轴受气缸点火的冲击力而扭动的现象)。它是转向架各组成部分的安装基准件和安装基础。下面我们就对以上知识点进行学习。

学习目标

目标类型	目标要求
知识目标	(1)掌握车辆减振装置的作用
	(2)掌握弹簧减振结构及特性
	(3)掌握弹簧减振的分类和功用特点
技能目标	(1)能看懂弹簧减振的组成结构装配图
	(2)掌握弹簧减振装置的检修要求和方法
	(3)熟练运用目测法判断弹簧减振的故障类型
情感目标	(1)培养认真、谨慎的工作态度
	(2)乐于观察,并能通过理论联系实际进行分析

学习准备

(1) 教学场地:教室、互联网多媒体教室及弹簧模型实训室,课后可实地参观。

(2) 设备要求:至少具有能连接互联网的多媒体教室一个,转向架弹簧减振装置仿真模型一个,或能播放视频、投影的设备。

任务一 认识弹簧的结构及特点

任务目标

(1) 掌握弹簧的结构、组成及分类。
(2) 熟悉弹簧的基本使用要求。

任务分析

本任务是认识弹簧减振装置的分类与特性，了解扭杆弹簧与环弹簧的区别，空气弹簧的优缺点与分类，并掌握一系、二系悬挂的检修方法。

任务实施

一、任务准备

弹簧是转向架组成部分的重要部件，为使车辆在轨道上行驶平稳，保证乘客乘坐的舒适性，克服线路存在的各种缺陷、车轮和轨道的磨损、车轮踏面的擦伤及轮轴的偏心等问题，减小车辆运行时伴随产生的复杂震动和冲击，必须设有弹簧减振装置。

车辆上采用的弹簧减振装置按其作用的不同，大体可分为三类：第一类为主要起缓冲作用的弹簧装置，如空气弹簧和钢制弹簧，如图 4-1-1 和 4-1-2 所示；第二类为主要起消耗振动能量从而衰减振动的振动装置，如纵向、横向减振器，如图 4-1-3 所示；第三类为主要起弹性约束作用的定位装置，如轴箱定位装置，心盘与构架的纵横向缓冲止挡，如图 4-1-4 所示。

图 4-1-1 橡胶空气弹簧

图 4-1-2 钢制弹簧

图 4-1-3 纵、横向减振器

图 4-1-4 橡胶止挡

(一) 弹簧的形式

1.一系悬挂的种类形式

(1) 第一类：转向架采用人字橡胶弹簧，轴箱定位方式为层叠式橡胶弹簧定位。

(2) 第二类：转向架采用内、外圈螺旋钢弹簧，附加纵向减振器，轴箱定位方式为转臂式定位。

(3) 第三类：转向架采用锥形橡胶弹簧，轴箱定位方式为锥形橡胶套定位。

2.人字弹簧悬挂元件

(1) 人字弹簧(如图 4-1-5 所示)是由四层钢板、四层橡胶和一层合金材料组成。

(2) 人字弹簧的寿命一般能满足 8～10 年的使用期，可满足一个大修周期(10 年)的使用要求。在 5 年的架修时，应对人字弹簧重新进行选配，在使用 10 年后强制报废处理。

(3) 人字弹簧常见的故障形式有脱胶、变形、裂纹，一般目测检查即可。

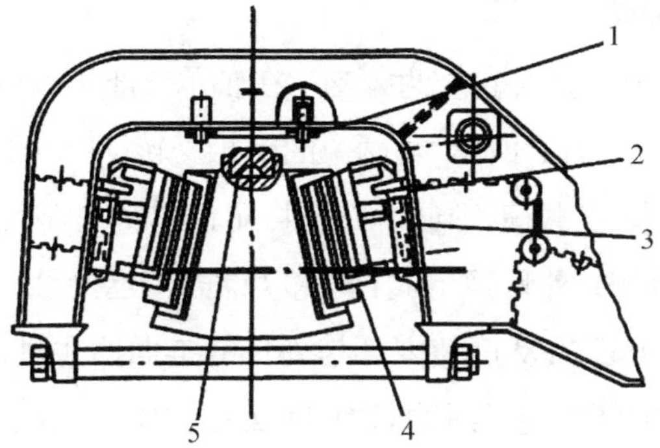

图 4-1-5 层叠式橡胶弹簧定位装置

1-调整垫片;2-弹簧座;3-构架;4-人字弹簧;5-应急弹簧

(二) 弹簧特性及串、并联

弹簧的主要特性参数有挠度、刚度、柔度。挠度是指弹簧在外力作用下产生的弹性形变的大小和弹性位移量;而弹簧产生的单位挠度所需的力的大小,则称为该弹簧的刚度;单位载荷作用下产生的挠度称为该弹簧的柔度。

城市轨道交通车辆上时常采用组合弹簧,并将弹簧按串联、并联、串并联形式组合在一起工作,从而改变弹簧的物理特性,适应安装位置和空间大小的需要。

假设两根弹簧 1、2,劲度系数为 K_1、K_2,当弹簧串联时,如图 4-1-6(a)所示,假设弹簧受拉力 F,1 伸长 $L_1=F/K_1$,2 伸长 $L_2=F/K_2$,则总伸长 $L=(F/K_1+F/K_2)$,新的劲度系数 $K=F/L=1/(1/K_1+1/K_2)$,弹簧串联劲度系数关系式为 $1/K=1/K_1+1/K_2$;当弹簧并联时,如图 4-1-6(b)所示,假设两根弹簧都伸长 L,则,受力 $F=K_1\times L+K_2\times L$,新的劲度系 $K=F/L=K_1+K_2$ 弹簧串联劲度系数关系式为 $K=K_1+K_2$。

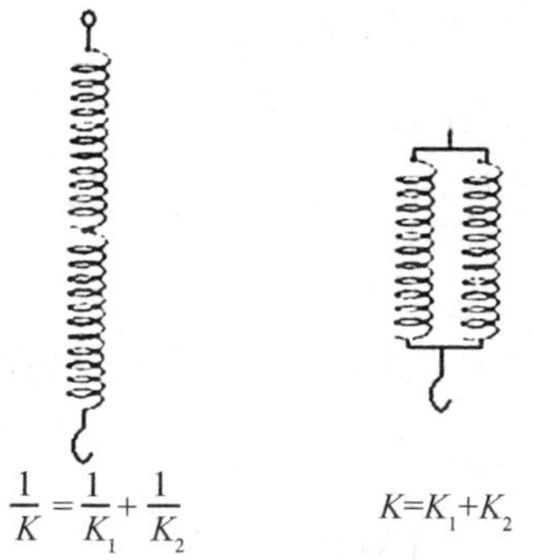

(a)弹簧串联 (b)弹簧并联

图 4-1-6 弹簧的串、并联

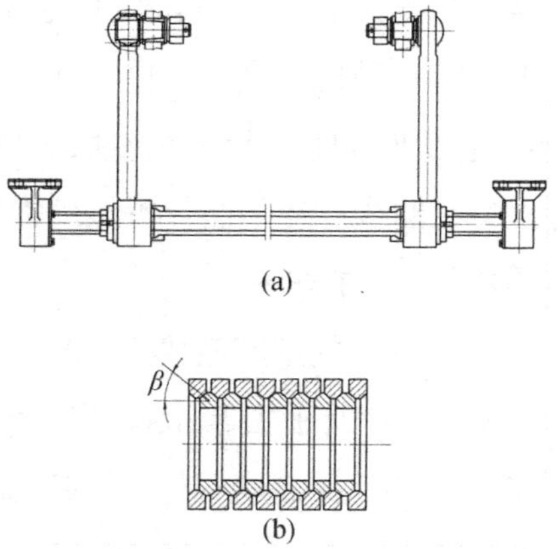

(a)扭杆弹簧 (b)环弹簧

图 4-1-7 扭杆弹簧和环弹簧

(三) 弹簧的分类

1.扭杆弹簧和环弹簧

(1) 扭杆弹簧为一根直杆,它的两端支承在轴承支座上,端部固定两个曲柄,支座固定在构架上,如图 4-1-7(a)所示。当两个曲柄相反转动时,扭杆则产生抵抗扭矩。扭杆弹簧只承受扭转变形,在载荷相同的情况时,扭杆弹簧比螺旋弹簧质量轻。

(2) 环弹簧由多组内、外环簧组成,彼此以锥面相互接触,当受到轴向载荷后,内环受压缩小,外环受拉变长,从而使内环与外环的锥面产生轴向变形,同时内外摩擦面做功吸收能量。环弹簧常用于缓冲器中,图 4-1-7(b)所示。

2.橡胶弹性元件

橡胶弹性元件的力学性能不同于一般的金属元件，橡胶的弹性模量比金属小得多,可以获得较大的弹性形变,容易实现预想的非线性特性。橡胶元件可以自由确定其形状，可以根据设计要求达到在各个方向上不同刚度的要求。橡胶具有较高的内阻,对衰减高频震动和隔音有良好效果。橡胶相对密度小,自重轻。由于这些特性,橡胶元件在轨道车辆上应用普遍,常常用于转向架弹簧装置和轴箱定位装置,弹簧支承面上采用橡胶缓冲垫、衬套、止挡等。

橡胶元件的性能(弹性、强度)受温度影响较大,一般随温度升高,刚度和强度有明显的降低。橡胶具有时效蠕变的特性,即当载荷加到一定值后,虽不再增载,但变形仍继续,当卸去载荷后,也不能立即完全恢复原状。一般硫化橡胶要在 120 天后,蠕变才趋向稳定。因此,橡胶的动刚度比静刚度大。橡胶还具有自然老化的特点。

3.空气弹簧

(1) 空气弹簧优缺点。空气弹簧相对于钢弹簧,在改善车辆的动力性能和运行品质上具有显著的优点,空气弹簧主要的优点是:

① 空气弹簧的刚度可选择较低的值,从而降低车辆的自振频率。

② 空气弹簧具有非线性特性，可以根据车辆动力学性能的需要设计成比较理想的弹性特性曲线。在平衡位置振动幅度较小时,刚度较低,当位移过大,刚度显著增加,以限制车体的振幅。

③ 空气弹簧的刚度随载荷而改变,从而保持在空载荷和重载车辆不同载荷时,车体的自振震频率几乎相等,使空重车不同运行状态平稳性几乎相同。

④ 空气弹簧用高度调整阀控制时,可使车体在不同静载荷下,保持车辆地板面距轨平面的高度不变。这一性能应用在城市轨道交通车辆上则可保持车辆的地板面和站台面的高差始终不变。

⑤ 同一空气弹簧可以同时承受三维方向的载荷，这可以简化转向架结构和减轻自重。

⑥ 若在空气弹簧本体与附加空气室之间设有适宜的节流孔，则可代替垂向油压减振器。

⑦ 空气弹簧具有良好的吸收高频震动和隔音的性能。

空气弹簧的缺点是：空气弹簧附件较多、制造成本高、易老化、检修工作量大等。

(2) 空气弹簧的分类及组成。空气弹簧大体上可分为囊式和膜式两类。

① 囊式空气弹簧可分为单曲、双曲、多曲等形式。双曲囊式空气弹簧的结构如图4-1-8所示。

② 膜式空气弹簧按其结构分为约束膜式空气弹簧和自由膜式空气弹簧两种。约束膜式空气弹簧结构如图4-1-9所示，它由内筒、外筒和将两者联结在一起的橡胶囊等组成。这种形式的空气弹簧刚度小、振动频率低，其弹性特性曲线容易通过约束群（内、外筒）的形状来控制，但橡胶囊工作状况复杂，耐久性较差。

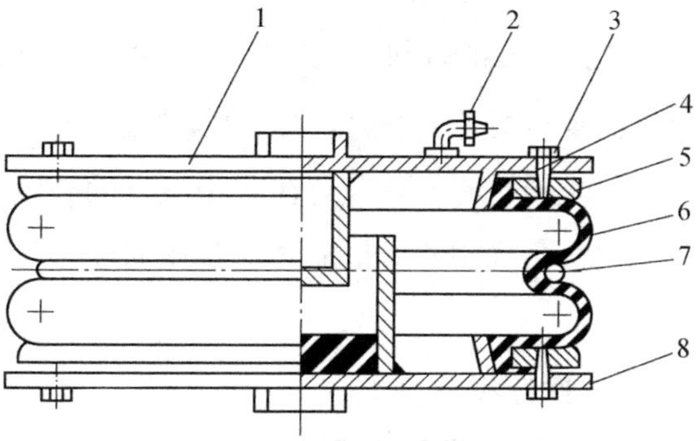

图 4-1-8 双曲囊式空气弹簧的结构

1-上盖板；2-气嘴；3-紧固螺钉；4-钢丝圈；5-法兰盘；6-橡胶囊；7-中腰环钢丝圈；8-下盖板

自由膜式空气弹簧其结构如图4-1-10所示，由于它没有约束橡胶囊变形的内、外筒，可以避免橡胶囊的磨耗导致的使用寿命减短。它本身的安装高度比较低，有利于降低车辆地板面与轨面的高度差。质量轻，并且其弹性特性可通过改变上盖板边缘的包角加以适当调整，使弹簧具有良好的负载特性。所以，在无摇动台装置的空气弹簧转向架上应用较多。

空气弹簧的密封性要求高，以保证弹簧性能稳定和节省压缩空气。一般采用压力自封式和螺钉紧封式两种密封形式。

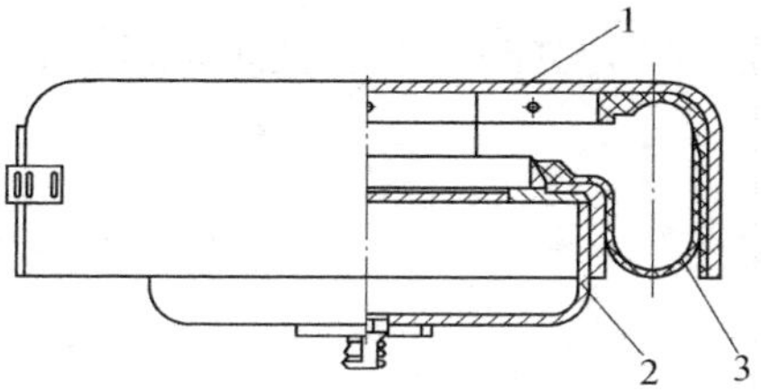

图 4-1-9 约束膜式空气弹簧

1-外筒；2-内筒；3-橡胶囊

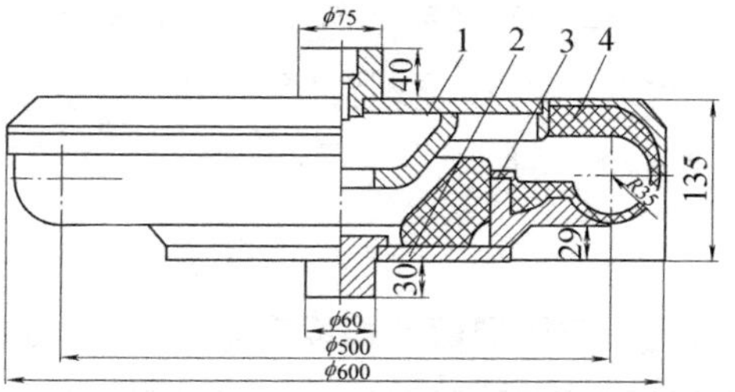

图 4-1-10 自由膜式空气弹簧

1-上盖；2-下盖；3-橡胶垫；4-橡胶囊

压力自封式是利用空气囊内部的空气压力将橡胶囊的端面与盖板或内、外筒卡紧加以密封，螺钉紧封式是利用金属卡板与螺钉夹紧加以密封。压力自封式的结构简单,组装检修方便,应用普遍。

空气弹簧橡胶囊是由内、外橡胶层,帘线层和成型钢丝圈组成。内层橡胶是用来起密封作用的,需采用气密性和耐油性较好的橡胶材质;外层橡胶应采用能抗太阳辐射和臭氧侵蚀并耐老化的橡胶材质,还能满足环境温度的要求,一般为氯丁橡胶。帘线的层数为偶数,一般为两层或四层帘线相交叉,并与空气囊的径线方向呈一定角度布置。由于空气弹簧上的载荷主要是由帘线承受的,因此帘线的材质对空气弹簧的耐压性和耐久性起着决定性的作用,故采用高强度的人造丝、维尼龙或卡普隆材料作为帘线。

为保证车厢地板面距轨道平面的高度保持不变，在车体与转向架之间装有高度调整阀。高度调整阀是用来调节空气弹簧橡胶囊内压缩空气充气和排气及保持压力的装置部件,使车辆地板面不受车辆载重量变化和乘客及货物摆放分布不均的影响,始终保持与轨面的距离。车辆上的高度调整阀是空气弹簧悬挂系统装置中的一个重要部件。

空气弹簧的优点只有在采用良好的高度调整阀情况下,才能重复体现出来,所以正确调整高度调整阀是十分重要和细致的工作。

三、操作步骤

(一) 空气弹簧的组装

(1) 将下座、橡胶堆、摩擦块、节流阀用螺钉紧固在一起,螺钉螺纹面应涂抹防松胶。

(2) 用清水将上盖、下座、胶囊密封部擦净,不得使用油性液体擦拭。

(3) 将胶囊放在下座上,将密封部均匀压下,用手锤、尼龙棒(或胶木棒)均匀敲击胶囊密封部,使其牢固地嵌入下座。

(4) 将胶囊放在组装台位上,把上盖放在胶囊上,横向摇动使其对中就位。

(5) 对于自密封式结构空气弹簧,在内部充入压力空气,依靠气压即可将空气弹簧组装成一体;对于螺钉紧固式结构空气弹簧,则需要均匀拧紧螺母,使上盖、胶囊、扣环紧固在一起。

(二) 空气弹簧的更换方法

空气弹簧一旦出现故障,应仔细查明原因,对不影响车辆正常运行的空气弹簧故障,可结合 A2 级或 A3 级修程时将空气弹簧或故障部件更换。若空气弹簧故障严重影响车辆正常运行，则必须调车更换空气弹簧。

空气弹簧的更换步骤如下：

(1) 首先将故障弹簧车辆调入检修台位，检修台位应有地沟，以方便检修作业；

(2) 关闭空气弹簧的截断塞门，并通过高度阀或构架排气口，排净空气弹簧内部的压力空气；

(3) 拆掉构架与车体或摇枕相连的相关附件，如各种管路、轴温报警器等线路、手制动(车辆 1 位端)、高度阀、牵引拉杆、抗侧滚扭杆、横向油压减振器等；

(4) 抬起车体，使其与转向架分离，推出转向架；

(5) 吊起摇枕，更换空气弹簧或相关故障部件；

(6) 将转向架与车体组装，最后进行单车气密性试验。

拓展知识

横动装置

随着速度的提高，车辆在垂向和水平方向的震动加剧，对线路的垂向及横向作用力也相应增大。为改善高速运行时的横向稳定性，应在车体与转向架之间设置横向弹性装置，或称为横动装置。它的作用犹如在铅垂方向设置弹簧装置一样，在横向分隔了转向架与车体的质量，使车体不直接参与转向架的蛇形运动，从而减小车体的水平惯性力和车轮对钢轨的横向打击力。此外，它也降低曲线通过时的动侧压力。

目前，采用的横动装置的形式虽多，但归纳起来，主要有 3 种：

(1)摇动台式：车体重量通过摇动台，用吊杆悬挂于转向架构架横梁上。车体与转向架间在横向容许有较大的横移量。这种形式的缺点是：结构复杂，体积大，质量大。

(2)无摇动台式：车体重量通过摇枕，用空气弹簧作用在转向架构架横梁上。

(3)无摇枕式：车体重量通过构架左右两侧的弹性旁承支承于转向架上，依靠弹性旁承的横向位移来得到横动装置的作用。弹性旁承可以由圆弹簧、空气弹簧或橡胶堆组成。现在这种形式的横动装置获得了广泛的采用，它的优点是结构简单。

任务评价

表 4-1-1 评价表

评价内容		评价标准	分值	学生自评	教师评价
理论评价	弹簧减振的作用	是否能描述弹簧减振的作用	15 分		
	减振装置的质量要求	是否能描述减振装置的质量要求	15 分		
	减振装置的分类	是否能描述减振装置的分类	15 分		
技能评价	分辨悬挂装置类型的技能	是否会分辨悬挂装置类型	20 分		
	检查一系悬挂的技能	是否会检查一系悬挂	20 分		
情感评价	学习态度	(1)是否能积极思考,回答问题,与教师进行互动 (2) 是否有充分的课前准备，教材及学习用品是否齐备	5 分		
	操作规范	操作是否规范	5 分		
	团队协作(在任务中请教他人或帮助他人)	是否具有团队协作精神	5 分		
分值总计			100 分		
学习体会					

课后练习

(1) 简述什么是弹簧的串、并联。其各自的特性是怎样的?

(2) 简述弹簧的分类。

(3) 扭杆弹簧和环弹簧各自的功用是什么?

任务二 检修空气弹簧装置系统

任务目标

(1) 熟悉空气弹簧装置系统的结构、组成。
(2) 掌握空气弹簧装置系统的故障类型。
(3) 熟练运用目测法判断空气弹簧装置系统故障并检修。

任务分析

本任务是了解高度调整阀的作用与组成，认识高度调节阀的基本工作原理与特性,并熟悉高度调节阀的使用注意事项,掌握空气弹簧的检修方法。

任务实施

一、任务准备

空气弹簧装置的整个系统如图 4-2-1 所示，主要是由空气弹簧本体、附加空气室、高度调整阀、差压阀、滤尘止回阀等组成。其工作原理路线是:空气弹簧所需要的压力空气,由列车制动主风管经 T 形支管、截断塞门、滤尘止回阀进入空气弹簧储风缸,再经纵贯车底的空气弹簧主管向两端转向架上的空气弹簧供气。转向架上的空气弹簧管路与主管用连接软管接通，压力空气再经高度调整阀进入附加空气室和空气弹簧本体。

（一）高度调整阀的作用与组成

高度调整阀的主要作用和要求是：维持车体在不同静载荷下都与轨面保持一定的高度；在直线上运行时，车辆在正常的震动情况下不发生充气和排气作用；在车辆通过曲线时，由于车体的倾斜，使得转向架两侧的高度调整阀分别产生充气和排气的不同作用，从而减小车辆的倾斜度。

高度调整阀可分为机械式和电磁式两种，按组成的不同又可分为有延时机构式和无延时机构式；按引起高度调整阀产生进气和排气作用的传动方式还可以分为直顶式和杠杆式等形式。

高度调整阀如图 4-2-2 所示，由高度控制机构、进气和排气机构、延时机构等部分组成。

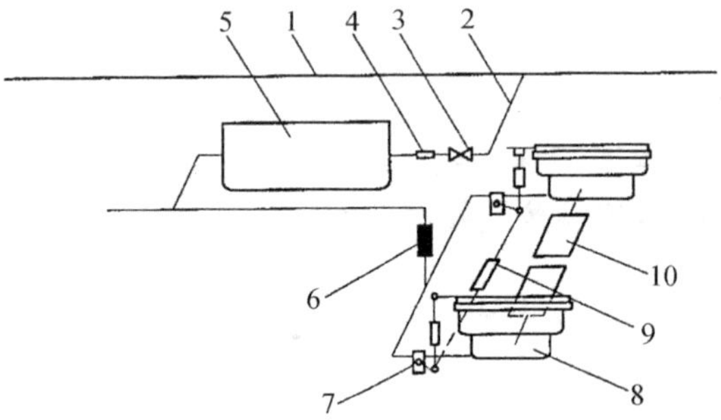

图 4-2-1　空气弹簧装置的系统示意图

1-列车制动主风管；2-T 形支管；3-截断塞门；4-滤尘止回阀；5-储风缸；6-连接软管；7-高度调整阀；8-空气弹簧本体；9-差压阀；10-附加空气室

图 4-2-2　高度调整阀实物图

（二）高度调整阀的工作原理

由于车体静载荷的增加或减小，空气弹簧被压缩或拉伸，使空气弹簧高度降低或升高，从而使车体地板面与轨道平面的距离发生变化，高度控制机构使进气和排气机构工作，向空气弹簧充气或排气。当空气弹簧内与所承受的静载荷相平衡时，空气弹簧恢复到原来高度，高度控制机构停止工作，进气和排气机构处于关闭状态，充气或排气停止。

延时机构由缓冲弹簧和阻尼减振器组成，阻尼减振器分为油阻尼减振器和空气阻尼减振器两种。阻尼减振器机构可以使车辆运行时，空气弹簧在正常的振动情况下，即使空气弹簧高度变化，也不会发生充气或排气作用。此时仅是该机构的缓冲弹簧伸缩变形，进气和排气机构并不作用。若振动的频率低于某一值时，即截止频率低于车辆正常振动的频率，进、排气阀工作，使空气弹簧进气或排气，因此，需选用适宜的缓冲弹簧刚度和减振器阻尼值，就可以实现车辆运行时在正常震动中，使震动频率高于截止频率，空气弹簧不进气或排气，而当静载荷变化或车辆通过曲线，变化频率低于截止频率时，要求空气弹簧进行充气或排气。

进气和排气机构由几组阀门组成，而阀门的开启或关闭受到高度控制机构和延时机构的控制。

高度控制机构由杆件组成。按传动方式不同，可分为直顶式和杠杆式。直顶式是由高度调整阀的接触杆直接把空气弹簧高度的变化情况传递给进气和排气机构及延时机构。杠杆式是把空气阀变化情况，通过杠杆机构将空气弹簧的大位移(振幅)转换成小位移，再传递给进气、排气机构和延时机构。直顶式比杠杆式减少了一套杠杆传动机构，结构更简单，并克服了杠杆传动中销套连接产生的误差，但对安装的垂直度要求比较严格。

(三) 高度调整阀的主要特性与参数

(1) 截止频率。为保证在直线运行时，车辆在正常震动过程中，空气弹簧不发生充气、排气作用，要求高度调整阀工作的频率必须低于车辆的垂直主频率。只有当车辆高度变化的频率低于该频率值时，高度调整阀才进行充气和排气工作。对于高速车辆，因弹簧悬挂装置的刚度非常柔软，则要求较低的截止频率。由上述可以看出，截止频率是延时机构正常工作的重要参数。通常该值为 1 Hz 左右。

(2) 无感区。为避免车辆载荷发生微小变化而高度调整阀就发生充气、排气作用，以及为安装高度调整阀必然存在的高度差确所允许的适宜值，需要该阀有无感区，在无感区高度变化的范围内，高度调整阀不发生充、排的作用。通常无感区为±4 mm。

(3) 延时时间。高度调整阀设有延时机构，目的是使高度调整阀具有“截止频率”和“无感区”的性能。为此需要有确定的延迟时间，通常为 1 s。

(4) 充气、排气时间。设有该参数值是为保证转向架左右高度调整阀充气快慢尽可能一致，以减小空气弹簧承载的不均衡性，并保证在规定的时间内，空气弹簧的充气、排气量的多少符合所规定的要求。所以，它是保证高度调整阀充气、排气的快慢符合规定要求的特性参数。例如，若规定某容积为 12 L 的空气弹簧，内压从 0.2 MPa 升到 0.42 MPa 时，充气时间为 5.5 s；而从 0.42 MPa 降至 0.2 MPa 时，排气时间为 7.75 s。

(5) 供风风压。列车供风的风压必须符合高度调整阀正常工作所需要的数值，铁路车辆列车管风压通常为 0.6 MPa。

(6) 检修期。为保证高度调整阀的正常工作，减少维修量，延长使用寿命和保证质量，要规定无检修期。

在确定上述各主要特性参数值时，应注意要结合车辆悬挂参数、运行速度、空气弹簧类型、线路条件、高度调整阀的结构形式等具体条件选择。

（四）LV-3 型高度调整阀的结构

普通双层客车和准高速客车均采用的 LV-3 型(国产型号为 GTF-Ⅱ)高度调整阀，如图 4-2-3 所示。高度调整阀主要结构由高度控制机构，进气和排气机构，延时机构三部分组成。

(1) 高度调整阀的控制机构主要包括连杆套筒、连杆和主轴，它们主要是完成进气和排气的控制作用。

(2) 高度调整阀的进气和排气机构主要由高度调整阀体、过滤网、空气节流阀、进气阀体、进气阀、单向阀、排气阀体、排气阀等组成。进气阀的低压侧和排气阀的高压侧(即空气弹簧侧)组成通道并进行联系。通过控制机构的控制，即打开或关闭进气阀和排气阀来完成进气和排气工作。

(3) 高度调整阀的延时机构主要由活塞、吸入阀、缸盖、缓冲弹簧、弹簧支架、减振器支架组成。延时机构以硅油作为阻尼介质。

(4) 高度调整阀的主轴、活塞、吸入阀、缸盖等部件全部浸泡在硅油中。在主轴上装有弹簧支架和减振器支架，可在主轴上自由回转，弹簧支架和减振器支架同时接触缓冲弹簧。在主轴旋转时，转动缓冲弹簧，由此产生的力带动减振器支架，连动突起的活塞，使进气阀和排气阀动作。连杆在水平位置±45°范围内旋转时，设在本体内的限位机构能够限制缓冲弹簧产生过度动作。

（五）LV-3 型高度调整阀的工作原理

空气弹簧在车体载荷增加时，空气弹簧的内压顶不住，因而被压缩，高度降低。此时控制机构的连杆向上动作，带动主轴旋转。由于延时机构的作用，一定时间后打开进气阀，空气弹簧储风缸中的高压空气进入空气弹簧，使空气弹簧高度增加，并使连杆逐渐恢复到水平状态，此时进气阀迅速关闭，空气弹簧恢复至原来设定高度。如图 4-2-4 所示。

相反，空气弹簧在车体载荷减小时，空气弹簧的内压将过剩，因而空气弹簧伸长，高度增加。此时控制机构的连杆向下动作，带动主轴旋转。由于延时机构的作用，一定时间后打开排气阀，空气弹簧内的压力空气由排气阀排入大气，空气弹簧的高度随之下降，同时连杆逐渐恢复至水平状态，排气阀迅速关闭，空气弹簧高度恢复至原来设定位置。如图 4-2-5 所示。

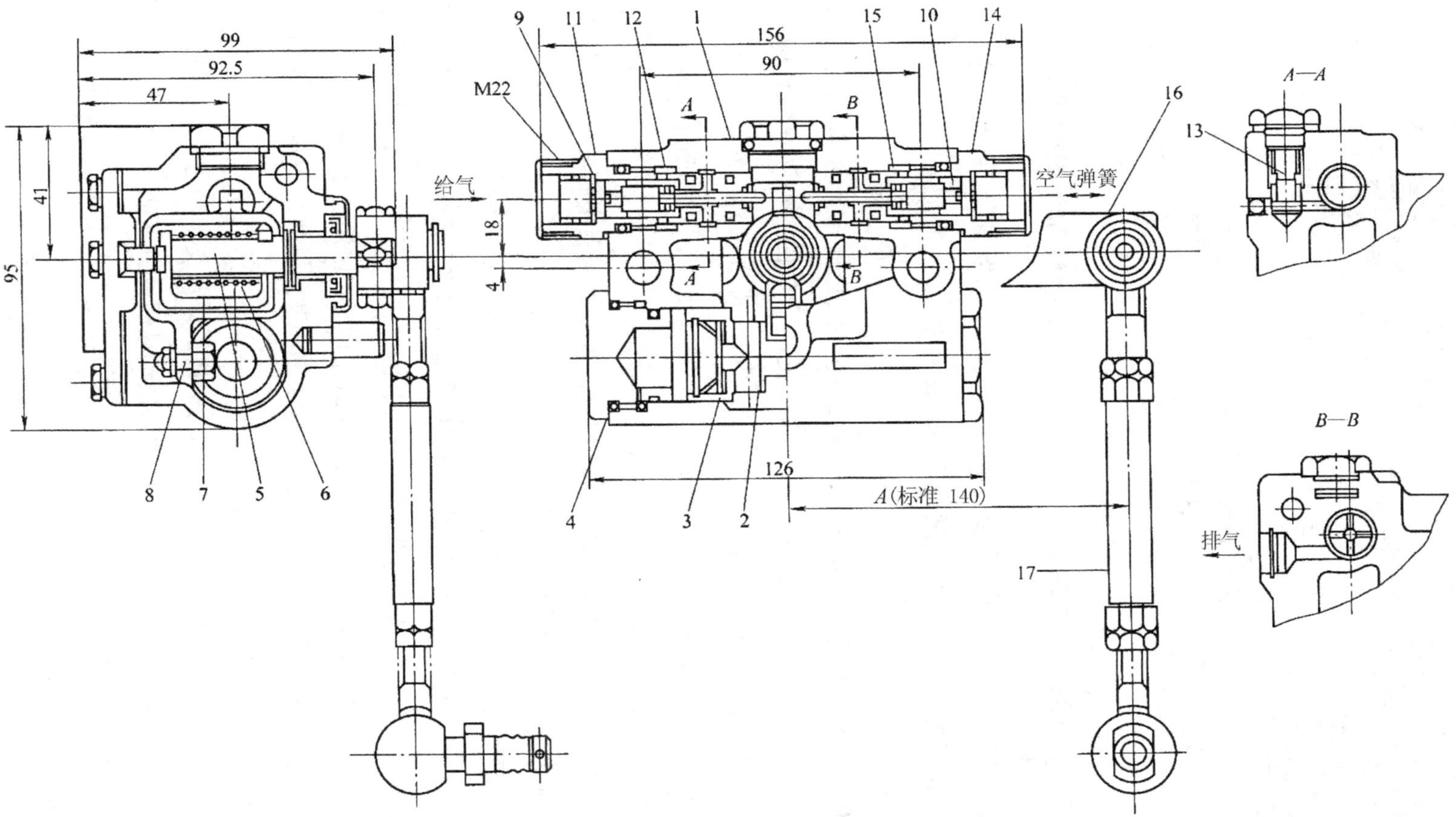

图 4-2-3 LV-3 型高度调整阀的结构

1-高度调整阀体;2-活塞;3-吸入阀;4-缸盖;5-主轴;6-缓冲弹簧;7-弹簧支架;8-减振支架;9-过滤网;10-空气节流阀;11-进气阀体;12-进气阀;13-单向阀;14-排气阀体;15-排气阀;16-连杆;17-连杆套筒

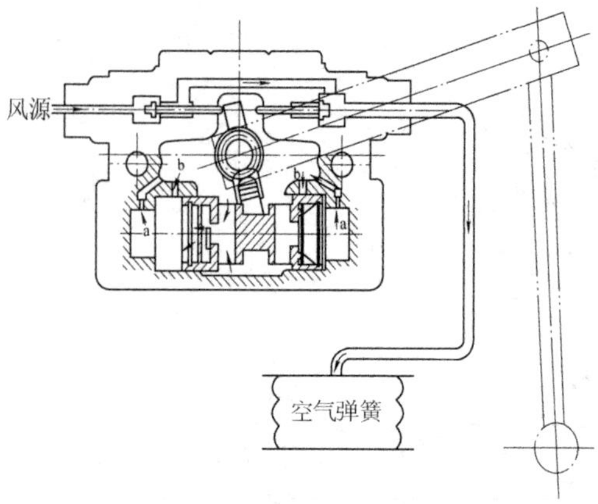

图 4-2-4 高度调整阀进气图

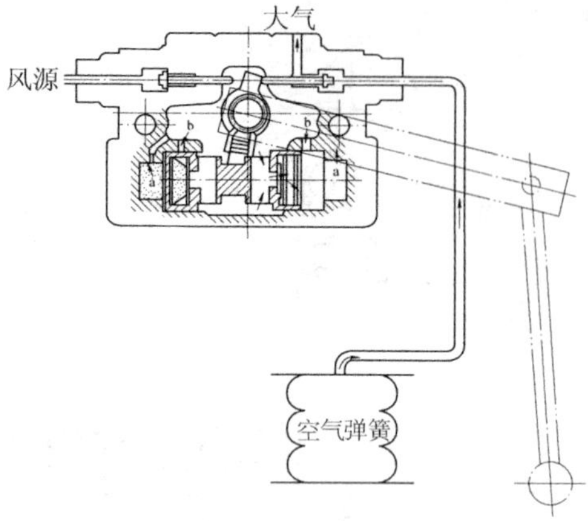

图 4-2-5 高度调整阀排气图

进气阀和排气阀的开启动作,需要一定的时间间隔。相比之下,进气阀和排气阀的关闭动作却要迅速得多,这就是高度调整阀的最大特点。这种效果的产生,是由于延时机构的作用所致。

进气阀和排气阀动作的说明如下:如图 4-2-4 所示,连杆向上动作,带动主轴旋转,转动缓冲弹簧,由此产生的力将减振器支架下的活塞向右侧推动,活塞的吸入阀上有单向阀。由于活塞的动作,活塞的右侧成为液压室(即油缸),在油缸盖上设有液压节流孔,形成减振作用,液压油经节流孔排出,从高度调整阀的侧面通路流回中心油室。正是由于节流孔的节流作用产生了抵抗力,使打开进气阀的动作得到延时。

此时活塞的左侧呈负压状态, 吸入阀的单向阀开启, 来自中心油室的油作为补充。随着活塞动作,减振器支架转动,进气阀打开,进行充气。

相反,在进气阀关闭过程中,缓冲弹簧和减振器支架突起部分动作,使活塞往中心部位归位。这时减振器成了不起作用的机构,活塞右侧前面几乎不存在反作用力,左侧油室的油可不经过压缩从通道孔流出,进入中心油室。同时右侧吸入阀和单向阀开启,吸入油,活塞逐渐返回中心部位时,两侧通道孔 b 均被堵死。这样在下次活塞动作时,又可形成时间上的延迟。由此可见,进气阀关闭比开启迅速。同样排气阀的开启与关闭原理与进气阀的开启与关闭原理相同。

由于具有以上动作,行驶的车辆产生振动,即使是弹簧支架随之振动,由于减振器产生的抵抗力,减振器支架也不会振动,结果振动被缓冲弹簧吸收,进气阀和排气阀不致因误动作而开启,从而防止了压缩空气的浪费。另外进气阀和排气阀的复位迅速,使振动性能稳定。

(六) 高度调整阀的使用注意事项

(1) 运输、搬运必须小心谨慎。如发生碰撞,可能使固定部分松动,造成调整困难,产生难以预料的事故。

(2) 连杆在停止回转时,禁止施加外力过度。连杆的动作极限位置是从中心水平位置开始±45°范围内,这一设计是为了防止缓冲弹簧产生过大的力量。如果回转到极限位置,仍旧人为地施加力量,连杆、套筒、阀体将可能受损。因此吊起车体时,必须先将连杆从连杆套筒中取出来(吊起车体时,空气弹簧必然伸长)。

(3) 在阀体装配时,用两只 M10 螺栓紧固。并检查螺栓是否妨碍连杆的动作。

(4) 安装时,认真清扫管道部分,清除管道内的尘屑。为减少管道附着物,对管道应做退火处理,采用无酸化退火及类似效果的退火方法。

(5) 管道方向的正确安装。安装管道时,阀体上铸有箭头的方向是空气弹簧一侧,反方向则是与空气弹簧风缸连接。若管道方向装反,连杆即使处于水平位置,也会发生空气泄漏。

(6) 安装管道时,阀体上的进气阀和排气阀不能转动。因为不灵敏区域的调整是根据阀体固定的位置进行调整的,因此为了避免阀体移动须将管道螺母紧固。

(7) 连杆套筒应尽量垂直安装。尽管在允许的倾斜度内,不会产生不良现象,但安装倾斜后,车辆行驶过程中连杆在倾斜情况下震动,会影响套管的使用寿命,所以应尽量垂直安装。

(8) 螺母、盖之类及其他元件无特殊必要,不得随便变动改制。

二、操作步骤

城市轨道交通车辆的二系悬挂基本上均采用空气弹簧。二系悬挂在日常检查时,主要检查空气弹簧及紧固件、高度阀及高度阀联动装置。

(一) 空气弹簧的损伤

空气弹簧在检修时主要注意橡胶囊和橡胶堆的裂纹,橡胶囊的磨损及底座的锈蚀。

(二) 空气弹簧的检修

1.空气弹簧的外观检查

(1) 检查紧固件,连接紧固无松动。

(2) 清洗并检查空气弹簧橡胶囊内、外表面无严重损伤、裂纹和刀痕,无金属丝暴露在外的现象,层叠弹簧表面不得有深度大于 2 mm 的疲劳裂纹,或大于 5 mm 深的橡胶与金属松弛的现象。

注意:在清洗时不能使用有机溶剂进行清洗,不能使用尖锐的工具检查气囊。

2.更换空气弹簧的条件

(1) 橡胶囊的裂纹深度超过 1 mm。

(2) 橡胶囊的磨损深度超过 1 mm,可见帘布外露。

(3) 橡胶堆的裂纹深度超过 1 mm。

(4) 底座的锈蚀超过 2 mm 不得使用。

(5) 局部表面的鼓包,用针扎破鼓包部位,做 500 kPa 持续 20 min 的保压试验,若没有空气泄漏,空气弹簧允许继续使用。

(6) 橡胶堆的更换条件:橡胶堆的橡胶和金属件的粘连部位裂纹超过 6 mm 时;橡胶的裂纹超过 30%、深度超过 6 mm。

3.紧急弹簧与磨耗板的检修

(1) 检查应急弹簧的外观和尺寸及性能试验,要求:外观无脱胶、裂纹深度不超过标准规定、无老化破损。

(2) 尺寸不超过规程规定的范围。

(3) 垂向和水平刚度不超出技术要求。

(4) 如果在两层之间出现任何黏着松动,橡胶和金属之间分离、疲劳或变形则不允许继续使用。

(5) 磨耗板无偏磨,尺寸符合要求;否则,更换新件。

4. 空气弹簧结构件的检修

检修时对空气弹簧结构件进行清洗、检查、探伤和补漆。

5. 空气弹簧系统附件的检修

(1) 检查高度阀,要求无松动、无损伤,完好。

(2) 检查高度阀联动装置,要求完好,无损伤。高度阀调节杆应垂直,不得倾斜。

(3) 检查垂向及横向止挡、止挡间隙、螺栓、衬垫,应完好,无损伤。

6. 密封性及刚度检查

(1) 检查空气弹簧胶囊与应急弹簧之间的密封,空气弹簧密封无泄漏。

(2) 测试组装后的空气弹簧在水平和垂直两个方向上的刚度,需符合要求。

拓展知识

各类减振器的比较

1.弹簧减振器

弹簧减振器主要用来抑制弹簧吸震后反弹时的振荡及来自路面的冲击。在经过不平路面时,虽然吸震弹簧可以过滤路面的震动,但弹簧自身还会有往复运动,而减振器就是用来抑制这种弹簧跳跃的。减振器太软,减振物体就会上下跳跃,减振器太硬就会带来太大的阻力,妨碍弹簧正常工作。在关于减振系统的改装过程中,硬的减振器要与硬的弹簧相搭配,而弹簧的硬度又与物体质量息息相关,因此较重的物体一般采用较硬的减振器。

弹簧减振器的优点:

(1)可以达到较低的固有频率,一般 5 Hz 以下。

(2)可以得到较大的静态压缩量,通常为 20 mm 的压缩量。

(3)可以承受较大的载荷。

(4)通过处理后,抗腐蚀能力强,性能稳定,使用寿命长。

弹簧减振器的缺点:

(1)由于存在自振现象,容易传递中频震动。

(2)阻尼太小,临界阻尼比一般只有 0.005,因此对于共振频率附近的震动隔离能力较差。

弹簧减振器适用于:风机、风柜、空调箱、空气压缩机、空调机组、发电机、冷却水塔等设备的减振隔振,如能附加采用阻尼器,则能适用于冲床、锻锤机等冲击型设备的震动隔离。

2.橡胶减振器

橡胶的特点是既有高弹态又有高黏态, 橡胶分子间互相作用会妨碍分子链的运动,表现出黏性特点,以致应力与应变往往处于不平衡状态。橡胶这种卷曲的长链分子结构及分子间存在的较弱的次级力,使得橡胶材料呈现出独特的黏弹性能,因而具有良好的减振、隔音和缓冲性能。橡胶部件广泛用于隔离震动和吸收冲击,就是因为其具有滞后、阻尼及能进行可逆大变形的特点。除此外,橡胶还具有滞后和内摩擦特性,通常用损耗因子表示,损耗因子越大,橡胶的阻尼和生热就越明显,减振效果越明显。综上所述,用橡胶制成的橡胶减振器也具有良好的减振效果。

橡胶减振器的优点:

(1) 可以自由确定形状,通过调整橡胶配方组分来控制硬度,可满足对各个方向刚度和强度的要求。

(2) 内部摩擦大,减振效果好,有利于越过共振区,衰减高频震动和噪声。

(3) 弹性模量比金属小得多,可产生较大弹性形变。

(4) 没有滑动部分,易于保养。

(5) 质量小,安装和拆卸方便。

(6) 冲击刚度高于静刚度和动刚度,有利于冲击变形。

橡胶减振器的缺点:

自然频率相对较高,压缩量较小,容易受外界环境影响,性能不稳定,使用寿命较短。

橡胶减振器可应用于大多机械设备和电子设备的减振隔振。

3.液压减振器

液压减振器的结构同吸入式泵基本相似,不同之处只是液压减振器的缸体上端是封闭的,而阀门上留有小孔。当后轮遇到凸起的路面受到冲击时,缸筒向上移动,活塞在内缸筒里相对往下移动。此时,活塞阀门被冲开向上,内缸筒腔内活塞下侧的油不受任何阻力地流向活塞上侧。同时,这一部分油也通过底部阀门上的小孔流入内、外缸筒之间的油腔内。这样就有效地衰减了凹凸路面对车辆的冲击负荷。而当车轮越过凸起地面往下落时,缸筒也会跟着往下运动,活塞就会相对于缸筒向上移动。当活塞向上移动时,油冲开底部的阀门流向内缸筒,同时内缸筒活塞上侧的油经活塞阀门上的小孔流向下侧。此时当油液流过小孔过程中,会受到很大的阻力,这样就产生了较好的阻尼作用,起到了减振的作用。

液压减振器的优点:

(1) 防腐性好,主要零部件采用奥氏不锈钢材料。

(2) 结构紧凑,且呈对称结构,安装空间小,受力更加合理。

(3) 阻尼力大,且动态响应时间短。

(4) 摩擦阻力小,一般低于额定载荷的 1%~2%。

(5) 头部、尾部铰接采用关节轴承。

(6) 可在 93 ℃下连续工作。

液压减振器的缺点：

液压减振器对低幅高频或高幅低频的震动不能有效地控制，可能会出现漏油的现象。

液压减振器主要适用于核电厂、火电厂、化工厂、钢铁厂等的管道及设备的抗震动。

4.空气减振器

空气减振器是20世纪60年代以来发展起来的一种新型减振器。其结构特点是在缸筒的下部装有一个浮动活塞，在浮动活塞与缸筒一端形成的一个密闭气室中充有高压氮气。在浮动活塞上装有大断面的O形密封圈，它把油和气完全分开。工作活塞上装有随其运动速度大小而改变通道截面积的压缩阀和伸张阀。

空气减振器的优点：

(1) 采用浮动活塞而减少了一套阀门系统，使其结构简化，重量减轻。

(2) 由于减振器里充有高压氮气，能减少车轮受突然冲击时的震动，并可消除噪声。

(3) 由于空气减振器的工作缸和活塞直径都大于相同条件的双向作用筒式减振，因而其阻尼更大，工作可靠性更强。

(4)空气减振器内部的高压气体和油液被浮动活塞隔开，消除了油的乳化现象。

空气减振器的缺点：

空气减振器的不足之处是油封要求高；充气工艺复杂，；不易维修；当缸筒受外界较大冲击而变化时，则不能工作。

任务评价

表 4-2-1 评价表

评价内容		评价标准	分值	学生自评	教师评价
理论评价	高度调节阀的作用及组成	是否知道高度调节阀的作用及组成	10分		
	高度调节阀的工作原理	是否知道高度调节阀的工作原理	10分		
	高度调节阀的特性	是否知道高度调节阀的特性	10分		
	高度调节阀的使用注意事项	是否知道高度调节阀的使用注意事	10分		
技能评价	空气弹簧的外观检查技能	是否会检查空气弹簧的外观	10分		
	掌握更换空气弹簧的条件	是否会更换空气弹簧	10分		
	紧急弹簧与磨耗板的检修技能	是否会检修紧急弹簧与磨耗板	15分		
	空气弹簧系统附件的检修技能	是否会检修空气弹簧系统附件	10分		
情感评价	学习态度	(1)是否能积极思考,回答问题,与教师进行互动 (2)是否有充分的课前准备,教材及学习用品是否齐备	5分		
	操作规范	操作是否规范	5分		
	团队协作(在任务中请教他人或帮助他人)	是否具有团队协作精神	5分		
总分			100分		
学习体会					

课后练习

(1) 空气弹簧有哪些优点和缺点？都有哪些种类？

(2) 简述空气弹簧装置系统的组成。

任务三 检修减振元件

任务目标

(1) 掌握减振器的结构、组成及分类。
(2) 熟悉减振器的基本使用要求。

任务分析

本任务是了解减振元件的作用与分类，了解油压、垂向减振器的结构与工作原理，并掌握抗侧滚扭杆的检修方法。

任务实施

一、任务准备

(一) 减振元件的作用及分类

车辆上采用的减振器与弹簧一起构成弹簧减振装置。弹簧的功用主要起缓冲作用，缓和来自轨道的冲击和震动的激扰力。而减振器主要是起到减小震动，阻止震动、消耗能量的作用。通常减振器是将机械能转化成热能，减振阻力的方式和数值不同，直接影响到减振性能。

轨道车辆采用的减振器的形式主要有以下几种：

(1) 按阻力特性可分为常阻力减振器和变阻力减振器。

(2) 按安装位置可分为轴箱减振器和中央减振器。

(3) 按减振方向可分为垂向减振器、横向减振器和纵向减振器。

(4) 按结构特点又可分为摩擦减振器和油压减振器。

(二) 油压减振器的结构及工作原理

油压减减器主要利用液体的黏滞阻力所做的负功来吸收震动能量。它的优点在于其阻力是振动速度的函数，最显著的特点是振幅的衰减与幅值大小有关，振幅大时衰减量也大，振幅小时衰减量也小，这种“自动调节”减震的性能，正符合城市轨道车辆的要求。

油压减振器的构造主要由活塞、进油阀、缸端密封、上下联结环、油缸、储油筒、防尘罩等组成，减器内部还充有专用油液，如图 4-3-1 所示。

活塞部分是产生阻力的主要部分，它由活塞杆、单向节流阀、弹簧、活塞组成。减振器阻尼力的大小取决于单向节流阀的节流孔的大小。

油缸的下部是进油阀，它是向油缸补充油液的通道。

缸端密封部分设有严密的密封结构，它一方面起着活塞杆上下运动时的导向作用，使活塞杆中心线保持一致，另一方面是防止油液流出和灰尘进入减振器，影响减振器的正常工作。

减振器的上下联结环是减振器与车体及转向架构架连接的部分，通过串入短销与其联结安装。

油压减振器所用的油液对减振器的性能和可靠性起着重要的作用。要求油液的物理、化学性能稳定，具有防冻性，在−40~40 ℃范围内黏度不应有很大变化，无腐蚀性等。一般应用专用油，但也可用锭子油、仪表油、变压器油等代替。

油压减振器的工作原理可用图 4-3-2 来说明。活塞把油缸分成上下两部分，当车体震动时，活塞杆随车体运动，与油缸之间产生上下方向的相对位移。当活塞杆向上运动时，减振器为拉伸状态，油缸上部油液的压力增大。这样，上下两部分油液的压差迫使上部分油液经过图 4-3-1 中活塞的节流孔流入缸下部。

油液通过节流孔也会产生阻力，该阻力的大小与油液的流速，节流孔的数量、形状、孔径的大小有关。当活塞杆向下运动时，减振器为压缩状态，受到活塞压力的下部油液通过活塞的节流也流入油缸上部，产生阻力。在车辆震动时，油压减振器起了减振作用。

由于活塞杆具有一定的体积，当活塞上下运动时，使得油缸上部和下部体积的变化是不相等的。

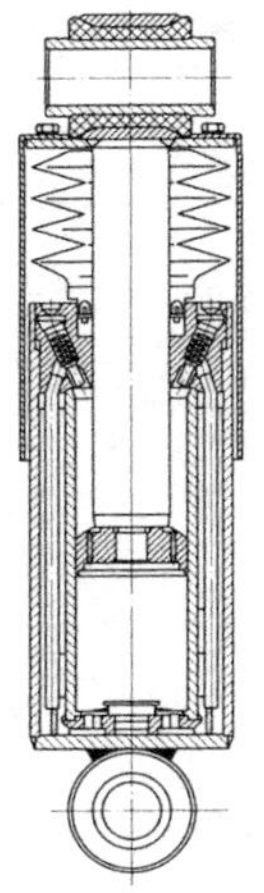

图 4-3-1 油压减振器

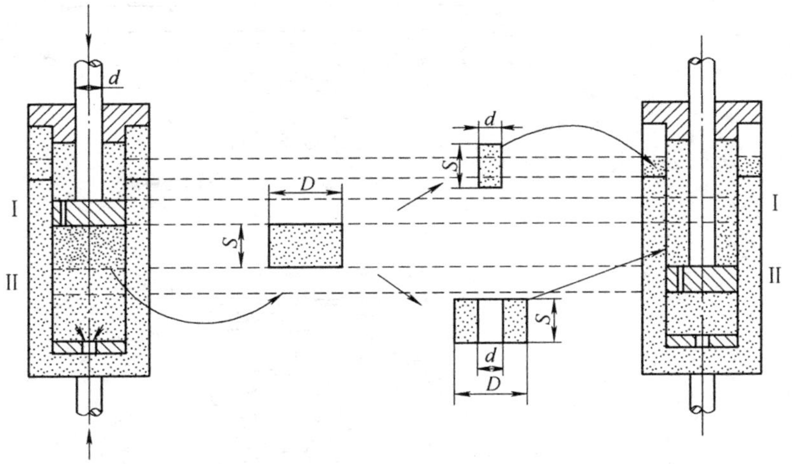

图 4-3-2 油压减振器的工作原理

（三）垂向油压减振器

SFK_1 型油压减振器的结构由活塞部分、进油阀部分、缸端密封部分、上下联结部分、防尘罩、油缸、储油筒组成。减振器内部装有油液。

（1）活塞部分是产生阻力的主要部分，活塞部分由活塞、芯阀、芯阀弹簧、阀套、调整垫、阀座等组成。在芯阀侧面下部开有两个直径为 2 mm 和两个直径为 5 mm 的节流孔。组装后，节流孔的一部分露出阀套，露出部分的节流孔称为初始节流孔，减振器的阻力主要决定于初始节流孔的大小。为了调整阻力的大小，在芯阀、阀套和阀座的底部，设有 0.2 mm 和 0.5 mm 厚的调整垫。在活塞的头部装有涨圈，它的主要作用是提高活塞的密封性，防止活塞磨耗以后阻力变化过大。

（2）进油阀部分装在油缸下端，是补充和排除油液的一个通道。在进油阀阀体上装有阀瓣和锁环。在阀瓣和阀体座上的阀口之间，以及进油阀体和油缸筒之间都要求接触严密，防止泄漏，如图 4-3-3 所示。

（3）油缸密封部分是油缸端部专门的密封结构，一方面在活塞上下运动时起导向作用，使活塞中心和油缸中心线路始终保持一致，另一方面，防止油液流出和灰尘流入减震器内，以免影响减震器正常工作。当减振器工作时，油缸内油压最高可达 2.5×10^3 kPa，所以密封质量十分重要。SFK_1 型油压减振器的密封部分经过多次改进，现在采用的结构是在油缸筒上装密封圈、密封托垫、密封弹簧、缸端盖，并通过密封盖及螺盖把这些零件紧紧压住，如图 4-3-4 所示。

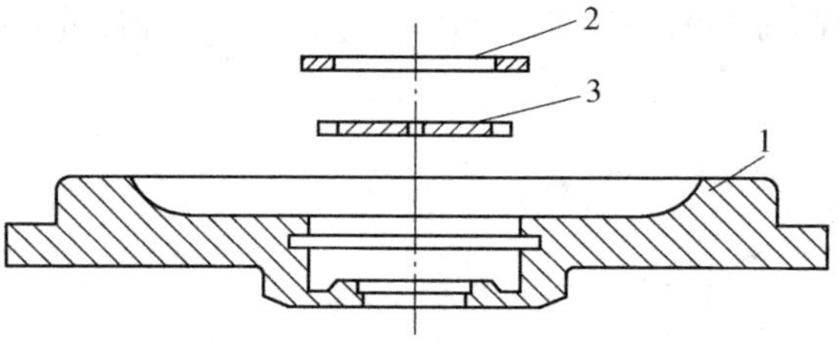

图 4–3–3 进油部分

1–进油阀体;2–锁环;3–阀瓣

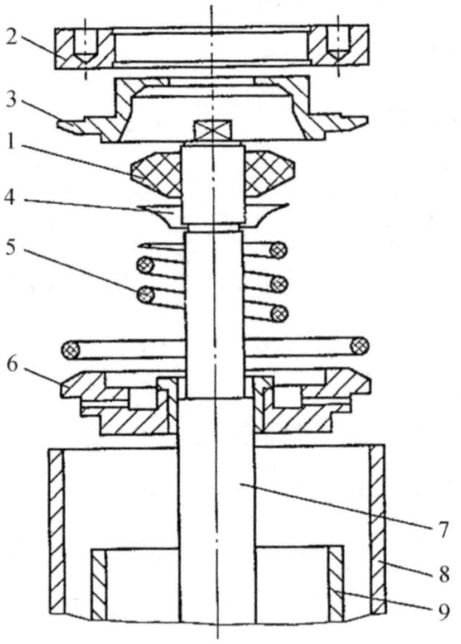

图 4–3–4 缸端密封部分

1–密封圈;2–螺盖;3–密封盖;4–密封托垫;5–密封弹簧;6–缸端盖;7–活塞杆;8–储油筒;9–缸体

为了保持密封部分的性能,必须特别注意零件的各种加工精度,如同心度、垂直度、表面粗糙度等,减少零件之间的磨耗和变异。另外,在缸端上还压装一个由铸锡青铜材料制成的导向套。

密封圈的作用是把漏过向导套和活塞杆之间缝隙的少量油液从活塞的杆上刮下来，经过缸端盖上的回油筒回到储油筒中。密封圈的材质必须用耐油耐寒的橡胶制成,并能在低温下保持一定的弹性。密封圈的刮油齿要有合理的形状和高度,齿根应防止裂纹。

(4) 上下连接部分是油压减振器上下两端与转向架的摇枕和弹簧托板上的安装座相连接的部分。橡胶垫的作用是可缓和上下方向的冲击和当摇枕及弹簧托板前后左右方向有相对偏移时,橡胶垫可有变形,减少活塞与油缸、活塞与导向套之间的偏心，使活动滑顺，减少偏磨。减振器两端加装防锈帽后可以防止水侵入端部，避免螺母被锈蚀。

(5) 油压减振器的油液，减振器要在不同温度下正常工作，而且还要保证减振器在长期使用中性能不变，就必须合理选择减振器油液。减振器油液应满足以下要求：

①在−40~40 ℃范围内黏度无明显变化，在−40 ℃时不凝固。

②不应混入空气或产生气泡，无腐蚀性。

③润滑性好，沥青、胶质、灰渣等杂质少。

④物理化学性能稳定，不易变质。

⑤价格便宜，经济性好。

经过试验，SYBI1207−56 号仪表油具有较好的性能，能满足要求。但在冬季温度低于−15 ℃地区运用的车辆，可以使用 SYBI1207−56 号仪表油与 22 号透平油各半的混合油。每一个油压减振器内规定装油 0.9 L。

综上所述，油压减振器的阻力取决于活塞运动速度和节流孔的大小。前者表示减振器的阻力将随振动频率和振幅的增长而增大，后者可用来调整油压减振器的阻力。

油压减振器阻力的调整方法是：

①在芯阀顶面加垫，使芯阀下移，而阀套不动，从而使初始节流孔加大，因而阻力适当减小。同时，由于弹簧初压缩力增大，提高了开启节流孔的油压，即增大了减振器的工作范围。

②在阀座的端面加垫，使阀座及阀套下移，芯阀弹簧伸长，从而使初始节流孔开度减小，因而阻力适当增大。同时，由于弹簧初始压缩力减小，降低了开启节流孔的油压，即减小了减振器工作范围。

③在弹簧上加垫，初始节流孔开度不变，即芯阀和阀套的相对位置不变，所以，阻力不变。由于弹簧初始压缩力增大，因而增大了减振器的工作范围。

二、操作步骤

抗侧滚扭杆日常检查，主要检查抗侧滚扭杆紧固螺母，要求防松标记无错位。架修、大修检查时，需要分解抗侧滚扭杆，清洗所有零部件，按要求分别检查、测量各组成部件，并进行探伤检查。

1.扭杆的检修

(1) 分解抗侧滚扭杆。

(2) 清洗扭杆和所有零部件。

(3) 对扭杆弹性变形量进行测量,扭杆变形超出标准规定时则报废处理。

(4) 对扭杆进行电磁探伤检查。

2.支承座的检修

(1) 对座体进行外观检查、内孔测量、补漆等检修。

(2) 关节轴承每 10 年进行大修时更换。

(3) 对轴承盖进行外观检查、补漆处理。

(4) 密封圈每 5 年架修时即更新。

3.扭臂的检修

(1) 对扭臂进行清洗、补油漆。

(2) 对扭臂进行电磁探伤检查。

4.连杆的检修

(1) 每 5 年对球铰进行彻底的转动检查及摩擦性能检查。

(2) 对与调节套筒连接的螺纹部分进行检查,并对调节套进行螺纹检查。

5.组装与记录

对零部件进行检修及预组装,并做记录。

拓展知识

减振器检修的要求

(1)减振器检修的年限。减振器属于免检部件,根据各部件的寿命分别在 5 年架修和 10 年大修时进行检查和检修。

(2)减振器架修项目。①对减振器进行外观检查;②对减振进行示功图测试,橡胶件应完好无损、无漏油现象,示功图正常,可继续使用。

(3)减振器大修项目。①大修时对减振器全部进行分解、检查、检修;②对密封件和受力橡胶件全部更换,并根据技术要求进行性能测试,使减振器恢复到出厂技术要求。

(4)减振器的检修记录。减振器检修好后必须记录有关的信息资料。

任务评价

表 4-3-1 评价表

评价内容		评价标准	分值	学生自评	教师评价
理论评价	振动元件的作用	是否能描述振动元件的作用	10 分		
	振动元件的分类方式	是否能描述振动元件的分类方式	10 分		
	减振器的结构及原理	是否能描述减振器的结构及原理	10 分		
技能评价	扭杆的检修技能	是否会检修扭杆	15 分		
	支撑座的检修技能	是否会检修支撑座	10 分		
	扭臂的检修技能	是否会检修扭臂	15 分		
	连杆的检修技能	是否会检修连杆	15 分		
情感评价	学习态度	(1)是否能积极思考,回答问题,与教师进行互动 (2)是否有充分的课前准备,教材及学习用品齐备	5 分		
	操作规范	操作是否规范	5 分		
	团队协作(在任务中请教他人或帮助他人)	是否具有团队协作精神	5 分		
总分			100 分		
学习体会					

课后练习

(1) 简述垂直油压减振器的结构。

(2) 简述油压减振器的结构及工作原理。

(3) 简述车辆减振元件的分类及作用。

项目五 检修牵引连接装置

项目描述

本项目我们从两个方面学习牵引连接装置。牵引装置的牵引连接板置于牵引活动板与固定板之间，用螺钉将牵引连接板与牵引活动板相连，固定板的端边固定在轨道车的钢架上，该固定板的对侧平行放置一块固定板，另一块固定板的端边也是固定在轨道车的钢架上，两块固定板分别上下对称，设有两对通孔，每个通孔中各设有一个拉杆，该拉杆为螺杆，拉杆依次穿过牵引连接板、两块固定板及同样设有上下对称通孔的承力板，在牵引连接板和承力板的外侧拉杆上设有螺母，位于承力板和相临的固定板之间的拉杆上套有弹簧，该弹簧的两端分别顶在承力板和固定板上。牵引连接装置结构简单，安装方便，能有效地减缓机车启动时的瞬时冲击载荷，将原本刚性连接装置的局部应力集中有效地分散到轨道车车厢钢架上。

学习目标

目标类型	目标要求
知识目标	(1)掌握车辆牵引连接装置的作用
	(2)掌握牵引连接装置的结构及特性
	(3)掌握牵引连接装置的分类和功用特点
技能目标	(1)能看懂牵引连接装置的组成结构装配图
	(2)掌握牵引连接装置的检修要求和方法
	(3)能熟练运用目测法判断牵引连接装置的故障类型
情感目标	(1)培养认真、谨慎的工作态度
	(2)乐于观察,并能通过理论联系实际进行分析

学习准备

(1) 教学场地:教室、互联网多媒体教室及牵引连接装置模型实训室,课后可实地参观。

(2) 设备要求:至少具有能连接互联网的多媒体教室一个,牵引连接装置仿真模型一个,或能播放视频、投影的设备。

任务一 检修中央牵引装置

任务目标

(1) 掌握中央牵引装置的结构、组成及分类。
(2) 熟悉中央牵引装置的基本使用要求。

任务分析

本任务是认识中央牵引装置的组成与作用,并掌握中央牵引装置的日常检修。

任务实施

一、任务准备

城市轨道交通车辆普遍采用了无摇枕结构的转向架。由于没有摇枕,故车体直接坐落在空气弹簧上,必须靠牵引装置来实现摇枕所具有的传递纵向力和转向功能,所以要求牵引装置具备以下功能:

(1) 能够传递纵向力、驱动力和制动力,同时允许二系弹簧在垂向和横向柔软地动作。

(2) 纵向具有适当的弹性，以缓和由于转向架点头、车轮不平衡重量等引起的纵向震动。

(3) 结构上应便于车体与转向架分离和连接。

(4) 由于取消了摇枕，需安装横向油压减振器、横向缓冲橡胶、空气弹簧异常上升止挡等，这些部件的安装和拆卸不能增加车体与转向架分离作业的工时。

(一) 中央牵引装置

如图 5-1-1 所示，是由长春客车厂设计的一种典型的城市轨道交通车辆使用的无摇枕转向架，这种转向架采用了中央牵引装置。其结构特点是：

中心销上端用螺栓固定在车体枕梁上，下部插在能够传递纵向力的牵引梁孔中，能够自如地垂向运动和回转。牵引梁与构架横梁之间设有牵引叠层橡胶，它的特性是纵向较硬、横向柔软，故既能有效地传递纵向力，又能随空气弹簧做横向运动。每台转向架设四组叠层橡胶，安装时能使其在纵向倾斜，以便于牵引梁对准转向架中心。可按隔离纵向震动的要求选定牵引叠层橡胶的纵向刚度值，同时要保证纵向无滑动部位和间隙存在。中心销下部连有空气弹簧异常上升止挡，当空气弹簧因故过充时可以限制车体不断上升，保证安全；在起吊车体时，可使转向架同车体一起被吊起。

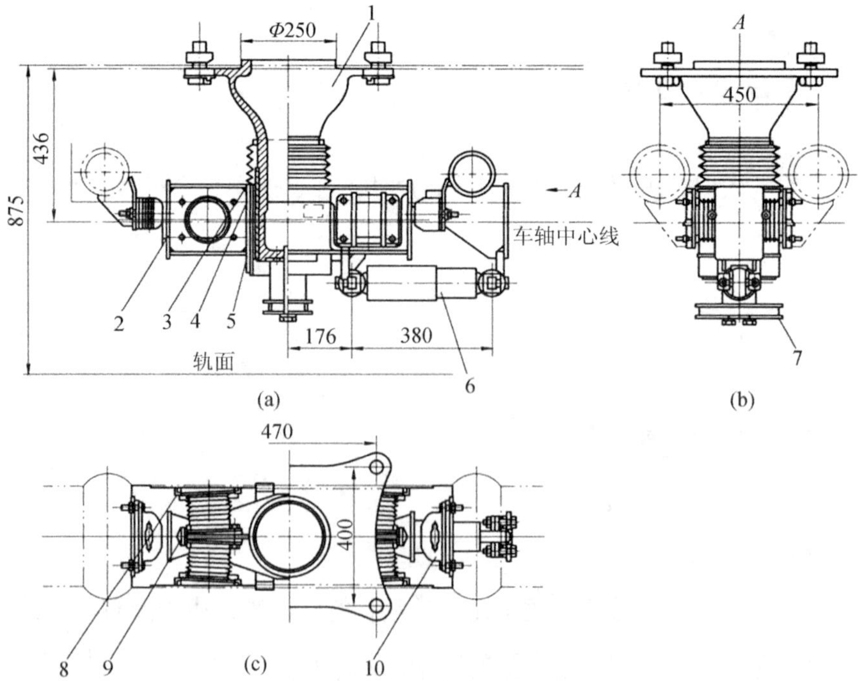

图 5-1-1 中央牵引装置

1—中心销；2—牵引梁；3—防尘罩；4—衬套；5—中心销套；6—横向油压减振器；7—空气弹簧异常上升止挡；8—安装板；9—牵引叠层橡胶；10—横向缓冲橡胶

如图 5-1-2 所示是三种中央牵引装置结构，它们都有各自的特点，如图 5-1-2(b)的中央牵引装置结构，由于牵引杆两端与中心销和转向架的连接部位都有橡胶关节，橡胶关节的弹性定位能保证转向架绕中心销在各个方向上有一定程度的摆动，这样既保证了转向架抗蛇行运动性能，又能实现转向架与车体之间的转角，保证车辆顺利通过曲线。

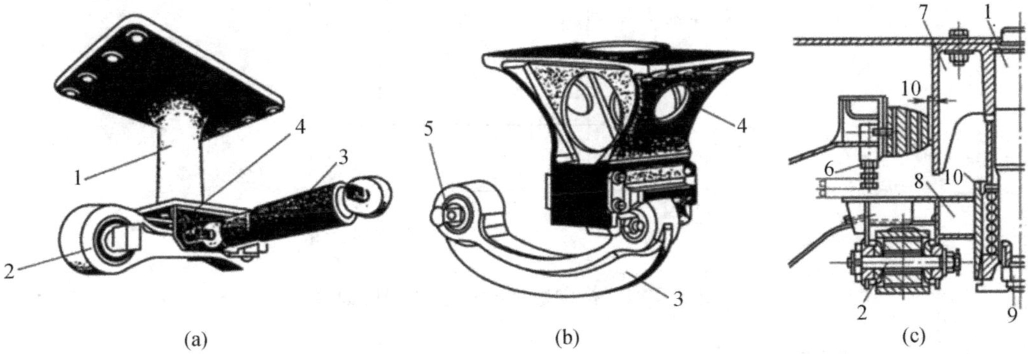

图 5-1-2 牵引连接装置

1-中心销；2-牵引杆；3-减振器；4-牵引座；5-轴；6-起吊保护螺栓；7-中心销导架；8-中心架；9-定位螺母；10-复合橡胶衬套

(二) 横向油压减振器和横向缓冲橡胶止挡

为了提高城市轨道交通车辆的舒适性，转向架采用了低横向刚度的空气弹簧。与此配套，使用横向油压减振器提供相应的振动阻尼，改善横向振动特性。横向油压减振器安装在牵引梁与构架之间。如图 5-1-3 所示为横向油压减振器的阻尼曲线。

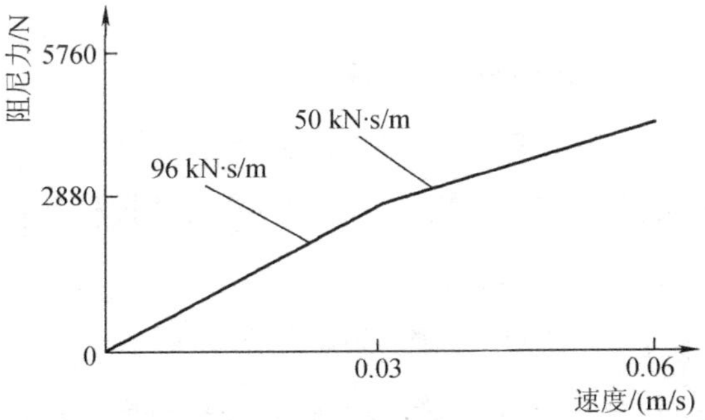

图 5-1-3 横向油压减振的阻尼曲线

在构架纵向梁上还设有非线性的横向缓冲橡胶止挡，它与牵引梁两端面间隙为 10 mm 左右。车体可以在此间隙范围内自由摆动，当振幅超过此间隙范围时，横向缓冲橡胶止挡开始工作。在横向缓冲橡胶止挡初始压缩时弹性特性很柔软，其后稍硬，刚度随振幅增大而增加，如图 5-1-4 所示为其挠度曲线。

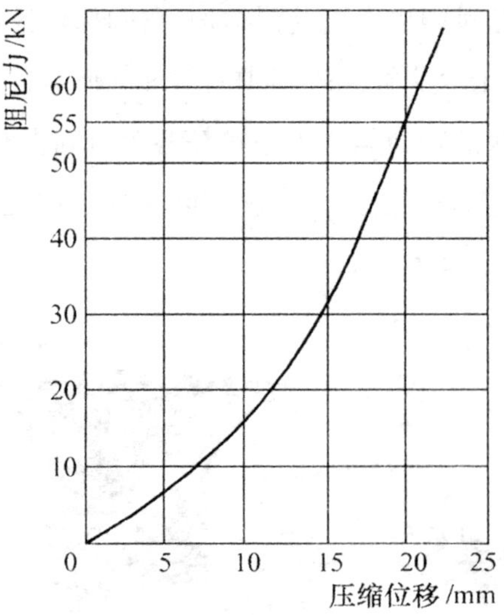

图 5-1-4　横向缓冲橡胶止挡挠度曲线

二、操作步骤

(一)缓冲装置检修

(1) 检查缓冲装置各部状态以及缓冲箱体导框与托板配合状态。缓冲器尾框各部无裂损,导框厚度不小于 16 mm ,否则预热堆焊修复。

(2) 检查车钩尾部与从板之间的间隙。车钩尾部与从板间隙不大于 6 mm。缓冲器从板不得有贯通间隙。

(3) 检查缓冲器楔铁不得缩入,箱底部四角有裂纹,当长度小于 100 mm 的情况下,可以补焊。

(二)车钩与缓冲器的解体检修

(1) 外观检查车钩提杆、连杆、提杆座,钩提杆、连杆有异常变形或作用不良时应拆下后预热处理。各部不得有异常变形、碰磨等缺陷,钩提杆凸台在提杆座的槽内,不应严重旷动而自行脱出,否则应焊修处理。

(2) 解体钩舌:取下钩舌销开口销,抽出钩舌销,对钩舌、钩舌销探伤,新换钩舌、钩舌销应探伤合格使用,钩舌、钩舌销组装前必须在接触面上涂润滑脂。钩舌、钩舌销不得有裂纹,否则更换。

(3) 解体钩体:拆开止销安全螺丝,取出牵引扁销,松开车钩托板固定螺丝,用钢丝绳套住钩头后端钩体部,用天车吊起钩头左右摆动。慢慢取出钩体,放在安全地方并探伤;测量牵引扁销尺寸,牵引扁销与销孔间隙。钩体、牵引扁销不得有裂纹,且下列情况禁止焊修:钩体上横裂纹、销孔向尾端发展的裂纹,耳销孔处超过断面 40%的裂纹。

牵引扁销尺寸不小于 95 mm×35 mm，牵引扁销与销孔间隙前后不大于 20 mm，两侧不大于 8 mm。

(4) 解体更换缓冲器：先将升降小车推至缓冲器下方，升降到适当高度，拆掉缓冲器托板，升降小车顶到缓冲器底部下方，在钩体、牵引销已去掉的情况下，用专用压缩缓冲器机具，由从板前端外部加力，压缩缓冲器，然后落下缓冲器和从板，推出小车。

拓展知识

中心销系统的检修

1.中心销的检修

在架修和大修时对中心销进行清洁保养。检查中心销，应无变形、无裂纹、螺纹部分无损伤。

2.中心销座的检修

架修与大修时均对中心销座进行清洁保养，并使用磁电探伤仪进行探伤检查，中心销座应无裂纹，与横向止挡的接触部位应无严重碰伤及变形。

3.复合弹簧的检修

架修时应对复合弹簧清洁保养，进行外观检查、尺寸检查、刚度检测。复合弹簧表面橡胶无裂纹、金属件无外露，尺寸和刚度应均符合技术规定要求，对符合规定要求的复合弹簧可继续使用。大修时全部进行更新处理。

4.下心盘座的检修

架修、大修时应对下心盘座进行清洁保养，进行探伤检查；对撞击部位的凹痕进行修补和补漆处理。

5.其他结构件的检修

架修、大修时应对其他结构件进行清洗、检查，对重要受力部件使用磁电探伤仪进行探伤检查，凡所有结构件经检查后无异常的均可继续使用。

6.紧固件的架修

在架修和大修时应对所有紧固件进行更换。

对检修合格的中央牵引装置及相关部件应进行检修信息记录。

任务评价

表 5-1-1 评价表

评价内容		评价标准	分值	学生自评	教师评价
理论评价	牵引装置具备的功能	是否能描述牵引装置具备的功能	15 分		
	中央牵引装置的特点	是否能描述中央牵引装置的特点	15 分		
	中央牵引装置的组成	是否能描述中央牵引装置的组成	15 分		
技能评价	中央牵引装置的日常检修技能	是否会检修中央牵引装置	20 分		
	中央牵引装置的架修、大修检查的技能	是否能架修与大修中央牵引装置	20 分		
情感评价	学习态度	(1)是否能积极思考，回答问题，与教师进行互动 (2)是否有充分的课前准备，教材及学习用品是否齐备	5 分		
	操作规范	操作是否规范	5 分		
	团队协作(在任务中请教他人或帮助他人)	是否具有团队协作精神	5 分		
总分			100 分		
学习体会					

课后练习

(1) 简述中央牵引装置的结构特点。

(2) 中央牵引装置怎样检修？

任务二 检修牵引拉杆

任务目标

(1) 掌握牵引拉杆的结构、组成及分类。
(2) 熟练运用目测法判断牵引拉杆故障并检修。

任务分析

本任务是认识牵引拉杆的重要组成部分，并掌握牵引拉杆的清洗方法与外观检查的要求，掌握牵引拉杆的补漆方法。

任务实施

一、任务准备

牵引拉杆是摇枕弹簧悬挂装置的重要组成部分，以 209 型转向架为例，它由两端带 M42 螺纹的拉杆、隔套、橡胶垫、内外夹板、止退垫圈、M42 螺母等零件组成，牵引拉杆的固定端固定在构架上，调节端固定在摇枕上，起到构架牵引摇枕的作用。

随着运行速度的提高，列车年走行公里数明显增加，其发生故障和造成性能下降的主要原因是高速运行的震动和磨耗，其次是橡胶垫变形磨损。止退垫圈变形，造成牵引拉杆螺母松动脱落，目前，我们检修的旅客列车中，发现故障的40%左右来自于牵引拉杆部位，尤以209 T型转向架为多，成为行车安全的一大隐患。部分列车为了防止牵引拉杆螺母丢失，采取在丝扣处打孔穿开口销。效果很好，但70%以上，没有经过处理，所以处理牵引拉杆螺母松脱仍是日常工作中重点进行检查的故障之一。

旅客列车检修是运用检修中重要组成部分，我们的任务是对旅客列车进行技术检查和不摘车修理，积极开展快速修复，努力减少中途甩车，保证旅客列车安全正点运行到下一个旅客列车检修点，或车辆段所在地，因此应及时消除牵引拉杆松脱故障，消除隐患。横向缓冲装置主要由横向橡胶止挡、横向止挡座构成。检修应按照橡胶件的技术规定要求进行，并进行性能测试，符合橡胶件技术要求及性能测试合格的橡胶件可继续使用。

二、操作步骤

(一) 清洗

用水、钢丝刷、白棉布等对牵引拉杆进行清洗，去除牵引拉杆外壳，露出油漆本色、无污垢。橡胶节点不得接触酸、碱、油或其他有机溶剂，避免热损伤和人为磕碰损伤。

(二) 外观检查

1.橡胶件外观状态检查

牵引拉杆橡胶节点无明显破损、龟裂、老化现象，有下列情况之一者须更换：

(1) 橡胶与金属件结合面间产生开裂且长度超过1/4圆周，深度超过5 mm时。

(2) 橡胶表面产生周向贯通裂纹且深度超过3 mm时。

(3) 橡胶表面产生溶胶现象且有明显块状橡胶脱出时。

2.金属件外观状态检查

(1)牵引拉杆外观检查有轻微磕碰伤，须将磕碰处打磨圆滑过渡。

(2)因异常情况退卸接头时，牵引拉杆体内孔划伤深度不超过0.3 mm。

(三) 刚度检测

牵引拉杆刚度检测见《牵引拉杆刚度检测作业指导书》(Q/SHT0506-1642—2012)，其刚度试验标准为：

检测缓冲橡胶(2.45~20.58)kN间的刚度：预定载荷24.5 kN、速度0.5~1 mm/min条件下，单件检测缓冲橡胶时缓冲橡胶刚度δ(20.58 kN)~δ(2.45 kN)=1.15±0.35 mm；不

退卸缓冲橡胶，加载力作用在牵引拉杆端部时，缓冲橡胶挠度 δ(20.58 kN)~δ(2.45 kN)= 0.92~1.72 mm。

(四) 补漆

检修完成后对牵引拉杆进行补漆，烯酸聚氨酯面漆，配合安装面须涂装防锈涂料，油漆牵引拉杆外表面时，橡胶件不得染上油漆。

拓展知识

牵引拉杆螺母松脱的危害

(1) 车辆在通过曲线时，增加摇枕和车体的纵向震动，降低旅客列车的运行平稳性和舒适性。

(2) 牵引拉杆布置在转向架的两侧，易造成超限，牵引拉杆时常击打物品和建筑物。

(3) 列车运行中，易产生杂音，造成中途停车，影响正常运行秩序。

预防牵引拉杆螺母松脱的方法

(1) 看，橡胶垫有无变形、磨损。

(2) 敲，牵引拉杆螺母有无盲音、松动。

(3) 捆，用 6 号铁丝捆 M42 丝扣。

任务评价

表 5-2-1 评价表

评价内容		评价标准	分值	学生自评	教师评价
理论评价	牵引拉杆的概念	是否知道牵引拉杆的概念	10 分		
	牵引拉杆的组成	是否知道牵引拉杆的组成	10 分		
	牵引拉杆螺母松脱的危害	是否知道牵引拉杆螺母松脱的危害	10 分		
	预防螺母松脱的方法	是否知道预防螺母松脱的方法	10 分		
技能评价	检测牵引拉杆的技能	是否会检测牵引拉杆	20 分		
	牵引拉杆架修的技能	是否会架修牵引拉杆	20 分		
	牵引拉杆大修的技能	是否会大修牵引拉杆			
情感评价	学习态度	(1)是否能积极思考，回答问题，与教师进行互动 (2)是否有充分的课前准备，教材及学习用品是否齐备	5 分		
	操操作规范	操作是否规范	5 分		
	团队协作(在任务中请教他人或帮助他人)	是否具有团队协作精神	5 分		
总分			100 分		
学习体会					

课后练习

(1) 城市轨道交通车辆的牵引连接装置应具备哪些功能？

(2) 简述车辆中央牵引连接装置的结构及特点。

(3) 横向减振器的作用是什么？

项目六 检修传动装置

项目描述

传动装置把动力装置的动力传递给工作机构的中间设备。本项目的主要内容是学习常见的传动装置的结构、原理和检修方法。其中:横向牵引电动机空心轴式传动装置,两轴纵向驱动骑马式传动装置,全弹性结构的两轴纵向传动装置,牵引电动机对角配置的单轴纵向传动装置是我们学习的重点。

学习目标

目标类型	目标要求
知识目标	(1) 掌握传动装置的作用
	(2) 掌握爪形轴承传动装置的结构和特性
	(3) 掌握横向牵引电动机空心轴式传动装置的结构和工作原理
	(4) 掌握两轴纵向驱动骑马式传动装置的结构及优点
	(5) 掌握全弹性结构的两轴纵向传动装置
	(6) 掌握横向牵引电动机对角配置的单轴纵向传动装置的结构
	(7) 掌握横向牵引电动机置于车体上的传动装置的结构
技能目标	(1) 掌握联轴节的检修要求
	(2) 掌握架修和大修检查的要求
情感目标	(1) 激发对车辆传动系统的学习兴趣
	(2) 积极参加轴承传动装置维修的动手训练

学习准备

(1) 教学场地:教室、互联网多媒体教室及转向架模型实训室,课后可实地参观。

(2) 设备要求:至少具有能连接互联网的多媒体教室一个,转向架的传动装置仿真模型一个,或能播放视频、投影的设备。

任务一 认识传动装置的分类

任务目标

(1) 掌握传动装置的结构类型及齿轮箱的检修方法。
(2) 熟悉轴承传动装置的结构。
(3) 熟悉轴承传动装置的检修方法。

任务分析

本任务是认识传动装置的基本结构与分类,掌握齿轮箱的日检、架修以及大修的检修方法。

任务实施

一、任务准备

(一) 横向牵引电动机空心轴式传动装置

该传动装置将牵引电动机支承于构架横梁上,如图 6-1-1 所示,它采用电动机空心轴和高弹性的联轴器驱动齿轮减速箱,从而解决了爪形轴承传动装置的电动机直接支承于轮轴增加簧下质量和传动件过小的扭转弹性导致的集电器过载的问题。由于牵引电动机重量由转向架构架全部承担，所以这是一种典型的架悬式结构，又由于电动机采用了空心轴，所以又称为电动机空心轴式结构。

在空心电枢和齿轮减速箱的小齿轮之间设有一个可移动的橡胶高弹性的钢片联轴器。减速箱一端支于轮对轴上，另一端通过一个可动的纵向可调节的支撑铰接于构架上。

空心轴传动装置由于其质量轻、作用可靠和耐久性强，在城市轨道交通车辆中被广泛应用。如图 6–1–2 所示为横向牵引电动机空心轴式驱动结构装配图。

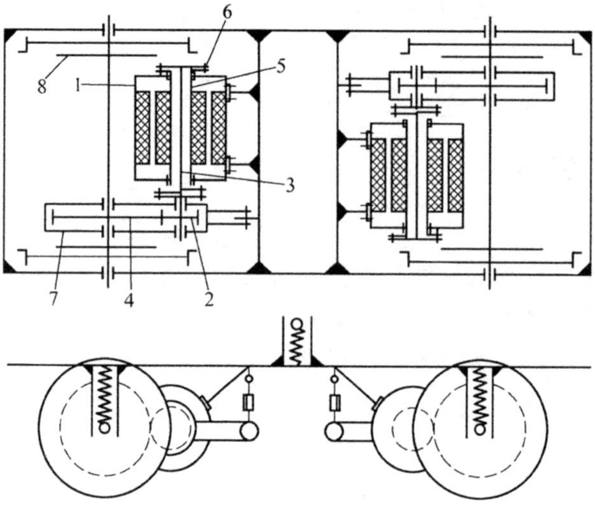

图 6–1–1　横向牵引电动机空心轴式传动装置

1–牵引电动机；2–小齿轮；3–驱动轴；4–大齿轮；5–空心轴
6–联轴器；7–减速器齿轮箱；8–制动盘

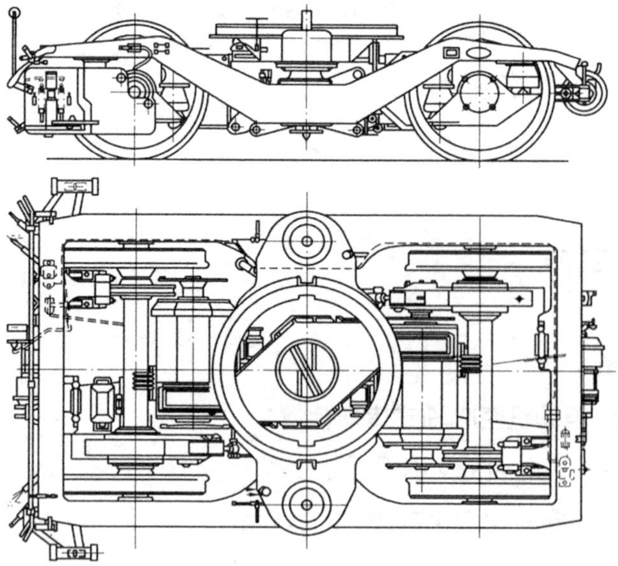

图 6–1–2　横向牵引电动机空心轴式驱动结构装配图

(二) 两轴纵向驱动骑马式传动装置

1.基本结构

沿转向架运动方向配置的牵引电动机连同齿轮减速器组成一组合体跨骑在转向架的两轮对上,牵引电动机的两侧与带有法兰盘的减速箱组成一个自承载的组合体,牵引电动机驱动轴经齿轮减速后,借助于空心轴和橡胶联轴器与轮对弹性连接,如图6-1-3所示。

2.两轴纵向驱动的优、缺点

(1) 转向架的轴距比以上形式可有较大的减小。

(2) 当一轮对黏着摩擦由于局部的蠕滑效应而遭到破坏时,则另一具有良好摩擦条件的轮对担当起后备保险的作用。同样,在加速和减速时所出现的轮对卸载将不起作用,因为一根轴卸载,另一根轴上就要承担附加的载荷,整个转向架所传递的摩擦力矩总和仍不变。而在单轴分离配置牵引电动机时，轮对的摩擦极限有被超过的危险,卸载的轮对就有可能打滑空转。

(3) 这种结构通过机械联结强制驱动转向架的两个轮对具有相同的角速度,若两轮对的车轮直径存在差异,也会造成运行阻力上升和磨耗的增加。

(4) 它的整个装置均由转向架的两轮对直接支承,增加了簧下质量,增强了转向架运行的动力作用。

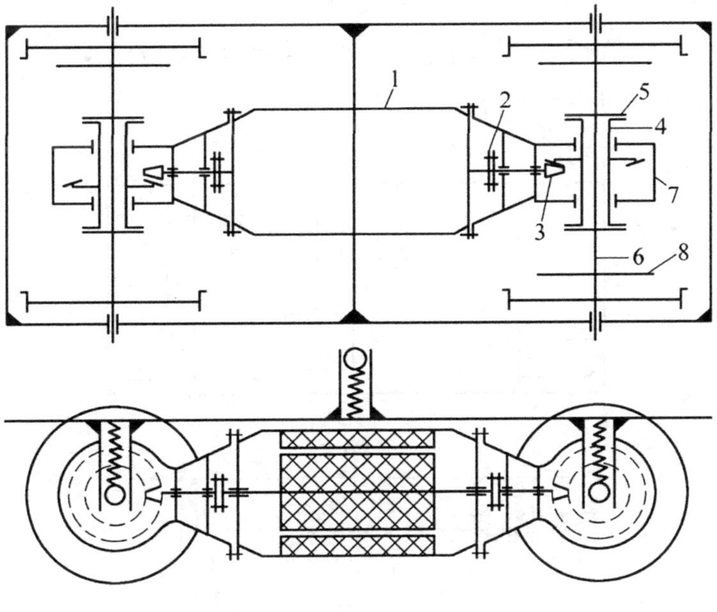

图 6-1-3 两轴纵向驱动骑马式传动装置

1-牵引电动机;2-联轴器;3-驱动锥齿轮;4-空心轴;5-橡胶联轴器;6-轮轴;7-减速器;8-制动盘

(三) 全弹性结构的两轴纵向传动装置

这种结构装置的牵引电动机完全弹性地固定于转向架构架的横梁上，电动机驱动轴经减速齿轮驱动万向接头空心轴，再经橡胶连杆联轴器将扭矩传递给轮对，如图6-1-4所示。

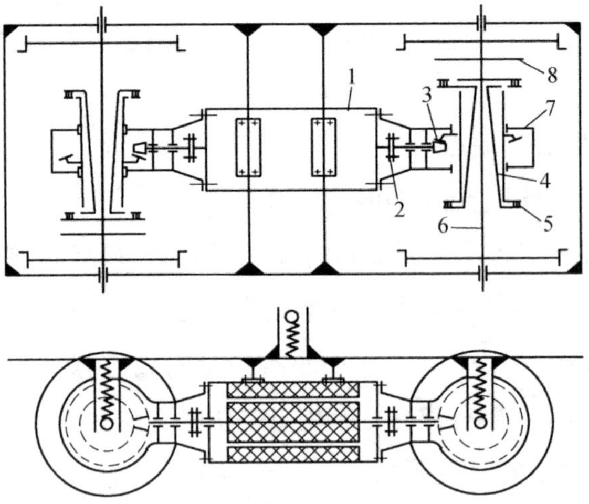

图 6-1-4　全弹性结构的两轴纵向传动装置

1-牵引电动机；2、5-联轴器；3-驱动锥齿轮；4-万向接头空心轴；6-轮轴；7-减速器；8-制动盘

(四) 牵引电动机对角配置的单轴纵向传动装置

两个牵引电动机对角悬挂于转向架构架的两横梁上，电动机与齿轮传动装置之间扭矩的传递经由连杆轴实现，如图6-1-5所示。

齿轮减速箱一端弹性悬挂于构架的端梁，另一端抱在轮对车轴上。转向架上两套电动机及其传动装置独立配置，各自驱动一个轮对。

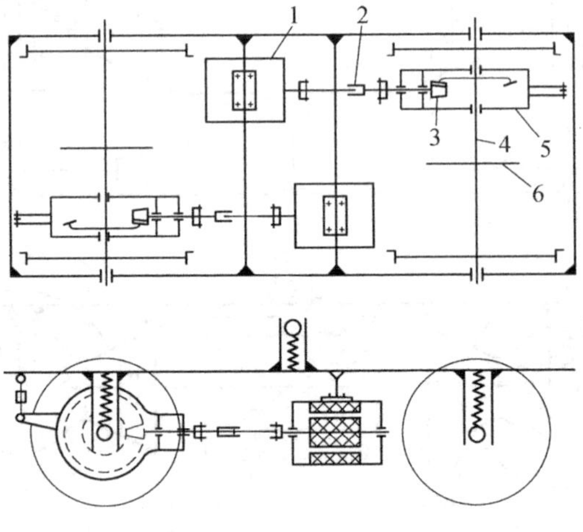

图 6-1-5　牵引电动机对角配置的单轴纵向传动装置

1-牵引电动机；2-连杆轴；3-驱动锥齿轮；4-轮轴；5-减速箱；6-制动盘

(五) 牵引电动机置于车体上的传动装置

牵引电动机装于车体上，电动机驱动轴经万向联轴器将扭矩传递给置于转向架上的减速装置,从而使轮对转动。其驱动装置原理图如图 6-1-6 所示。由于牵引电动机重量由车体全部承担,所以又称为体悬式。该传动方式广泛应用于城市轨道交通车辆独立旋转车轮车辆的驱动。

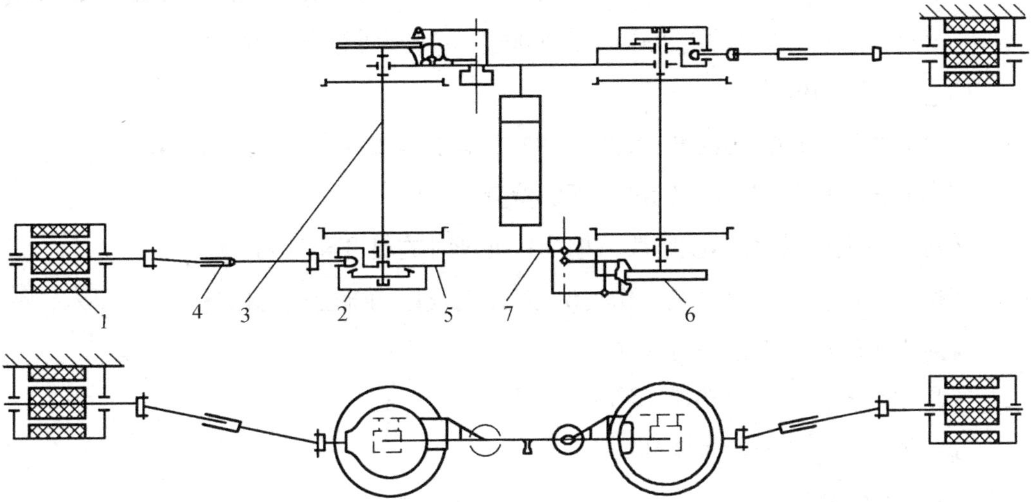

图 6-1-6 牵引电动机置于车体上的传动装置

1-牵引电动机;2-齿轮传动装置;3-轮轴;4-连杆轴;5-传动支承;6-制动盘;7-制动装置

二、操作步骤

1.日常检查

(1) 检查齿轮箱外观及所有附件,要求无明显漏油,无松动。

(2) 检查齿轮箱与悬挂装置连接螺栓,要求防松标记无错位。

(3) 月检时,应检查齿轮箱油位,要求油位在上、下两油位线之间,若低于下油位线则应立即补油到规定的油位位置。

(4) 月检时,应检查齿轮箱紧急止挡和紧固螺栓,要求止挡无损伤、无裂纹,螺栓无松动。

2.架修检查

(1) 目测检查齿轮箱体应无裂纹、无漏油现象。

(2) 清洁齿轮箱体,注意清洁水不可进入箱体内。

(3) 换油时,应特别注意在列车上试车线调试后,再次检查齿轮箱油位。

3.大修检查

(1) 齿轮箱在动力轮对上分解时，分解前应先排放润滑油，对箱体进行检查和清洁，并编号，编号时，大、小齿轮要成对编号、放置，组装时才不混淆。

(2) 齿轮箱的检修。

①清洗齿轮箱体，检查油塞、回油孔、透气装置、密封件等，并对密封件进行更换。

②检查齿轮箱紧急止挡和紧固螺栓，要求紧急止挡无损伤、无裂纹，螺栓无松动。另外需要注意的是，新装齿轮箱在运行 20000 km 时应进行第一次换油。

(3) 大齿轮的检修。

①将大齿轮上的油污清洗干净，目测并用模板检查齿轮各齿的磨损情况，不符合技术要求的进行修复，对大齿轮进行探伤检查。

②对齿轮进行退火热处理，严格控制热处理时的温度和时间。

③检查大齿轮内孔尺寸及拉伤情况，对拉毛及擦伤部位进行修复。

④对大齿轮内孔部位进行探伤检测。

⑤将完好的大齿轮热套在车轴上。

⑥对大齿轮进行涂油防锈处理。

4.小齿轮的检修

(1) 小齿轮一般与小齿轮轴是一个整体，也称为小齿轮轴。

(2) 清洗、分解小齿轮轴、轴承、密封件等部位。

(3) 检查小齿轮轴，并更换密封件和紧固件。

5.轴承的检修

对齿轮箱轴承的检修和更换原则可参考“轴箱轴承的检修”。

6.组装齿轮箱

(1) 对大齿轮箱各部件进行检查和清洗。

(2) 将小齿轮、轴承、密封件等部件组装在齿轮箱体上。

(3) 在齿轮箱分合面上均匀地涂上密封胶，将齿轮箱体组装在动力轮对上。

(4) 调整各部件，按要求加油。

(5) 对加油孔、透气孔、检查孔等进行密封。

(6) 对组装合格的齿轮箱进行磨合试验，检查震动、异声情况。

7.记录

记录齿轮箱检修情况信息。

拓展知识

三相异步交流电动机的主要组成部分

1.定子

铁心:装在机座内,为一个内壁开槽的中空圆柱体,槽内嵌放定子绕组。定子铁心是电动机磁路的一部分。为减少铁心中的损耗,定子铁心用 0.5 mm 厚的硅钢片叠压而成,片间有绝缘。

绕组:用绝缘铜线绕成,嵌放在定子铁心槽内,绕组与绕壁用绝缘材料隔开。定子绕组是电动机的电路部分,其主要作用是通过电流产生旋转磁场。

机座:就是电动机的外壳,起支撑作用。因此,机座应有足够的机械强度和刚度,能承受运输和运行中的作用力。

2.转子

铁心:为电动机磁路的一部分,一般也由 0.5 mm 厚的硅钢片叠成。

绕组:其作用是感应电动势,流过电流产生电磁转矩。

笼型转子:其外形像个鼠笼,由于异步电动机的转子绕组不必由外界电源供电,因此可以自行闭合构成短路绕组。

绕线转子:绕线转子绕组与定子绕组相似,也是用绝缘导线嵌于转子铁心槽内,接成星形联结的三相对称绕组,然后将三根引出线接到装在转子端轴上的三个集电环上,用一套电刷引出。当不需要外接电阻时,可直接将三个集电环短路。

任务评价

表 6-1-1 评价表

评价内容		评价标准	分值	学生自评	教师评价
理论评价	转向架的结构	是否能掌握转向架的空间结构	15 分		
	转向架的作用	是否明白转向架的作用	15 分		
	转向架的分类	是否知道转向架的作用	15 分		
技能评价	转向架的分解操作	是否能拆分转向架	20 分		
	辨识仪表	是否能辨识仪表	20 分		
情感评价	学习态度	(1)是否能积极思考,回答问题,与教师进行互动 (2) 是否有充分的课前准备，教材及学习用品是否齐备	5 分		
	操作规范	操作是否规范	5 分		
	团队协作(在任务中请教他人或帮助他人)	是否具有团队协作精神	5 分		
总分			100 分		
学习体会					

课后练习

(1) 轨道车辆传动装置大致可分为哪几种结构形式?

(2) 简述横向牵引电动机空心轴式传动装置的基本结构。

(3) 简述两轴纵向驱动骑马式传动装置的优缺点。

任务二 检修轴承传动装置

任务目标

(1) 掌握轴承传动装置结构。
(2) 熟悉轴承传动装置的检修。
(3) 熟悉联接节的检修方法。

任务分析

本任务是了解轴承传动装置的基本组成与作用,并掌握联接节的检修方法。

任务实施

一、任务准备

城市轨道交通车辆的动力转向架，不论是采用直流牵引电动机还是交流牵引电动机,均须通过机械减速装置,才能将电动机的扭矩转化为轮对的转矩,再利用轨道的黏着作用,驱动车辆沿轨道运动,而牵引电动机的布置形式直接影响着转向架的动力性能。

爪形轴承传动装置是城市轨道交通车辆最古老的传动方式，它是直接利用牵引电动机驱动轴上的齿轮带动轮对轴传递扭矩。这时电动机驱动轴与轮对轴呈平行配置,牵引电动机的一部分质量通过两个爪形轴承支承于轮对轴上,另一部分重量通过弹簧支承于构架梁上,也称抱轴式。一般牵引电动机的小齿轮与轮对上的大齿轮之间的传动比取 1:6~1:4,如图 6-2-1 所示。

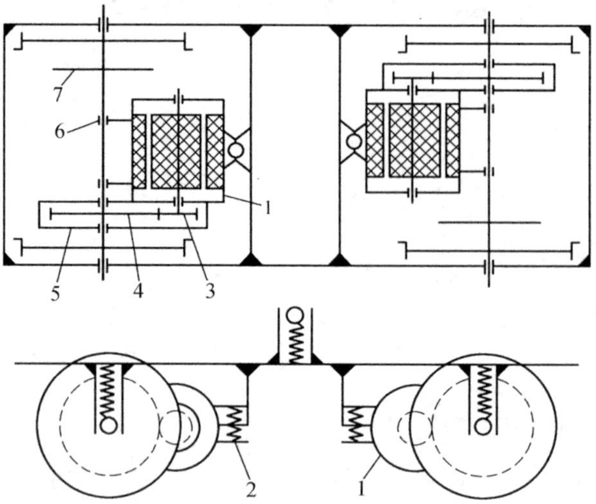

图 6-2-1 爪形轴承传动装置

1-牵引电动机;2-电动机弹性悬挂;3-驱动小齿轮;4-车轴上大齿轮;5-减速齿轮箱;6-爪形轴承;7-制动盘

这种传动装置的很大一部分质量非弹性直接支承于轮对轴上,增加了簧下部分的质量,给转向架的运行品质带来不利的影响。而且必然导致相关的运动零件的强烈震动和磨耗,此外,由于这种传动的扭矩弹性很低,往往会造成集电器过载,甚至损坏。这种传动机构简单、坚固,所以至今仍在轻轨车辆上使用。

二、操作步骤

(一) 日常检查

(1) 日常检查时,采用目测检查方法,要求联接节无损坏、无漏油,螺纹无松动。

(2) 月检时还需检测联接节偏心度和轴向距离。

(二) 架修、大修检查

(1) 机械联接节,架修时应进行清洗保养、检查,更换润滑剂等;在大修时还应进一步分解联接节,对零部件进行彻底检查。

(2) 检查完毕,进行预组装,并登记相关信息。

拓展知识

磁浮轴承传感器

磁浮轴承传感器是用于控制由永久磁铁或者电磁铁组成的轴承，配套组成数控磁轴承系统。磁浮轴承利用磁力作用将转子悬中，使转子与定子之间没有机械接触。其原理是磁感应线与磁浮线垂直，轴芯与磁浮线是平行的，所以转子的重量就固定在运转的轨道上，利用几乎是无负载的轴芯往反磁浮线方向顶撑，使整个转子悬空在固定运转轨道上。磁浮轴承传感器是磁轴承系统的重要组成部分，其直接关系到系统对转子工作位置的控制。

任务评价

表 6-2-1 评价表

评价内容		评价标准	分值	学生自评	教师评价
理论评价	爪形轴承传动装置	是否能掌握爪形轴承传动装置的空间结构	40 分		
技能评价	联接节的检修	是否能正确检修联接节	40 分		
情感评价	学习态度	(1)是否能积极思考，回答问题，与教师进行互动 (2)是否有充分的课前准备，教材及学习用品是否齐备	5 分		
	操作规范	操作是否规范	10 分		
	团队协作(在任务中请教他人或帮助他人)	是否具有团队协作精神	5 分		
总分			100 分		
学习体会					

课后练习

(1) 简述爪形轴承传动装置的结构和原理。

(2) 简述联接节的检修方法。

项目七 检修制动装置

项目描述

本项目要认识自己所从事的工作任务、工作要求、所进行的活动及工作流程。能明确检修质量技术要求，能根据任务要求备料和准备配件，熟悉 209T 型转向架、25 型客车密封式制动缸结构，熟练掌握密封式制动缸检修方法。分组完成任务，专业术语表达正确。对机械设备的安全操作有责任概念。

学习目标

目标类型	目标要求
知识目标	(1) 掌握检修技术质量要求
	(2) 掌握转向架上的闸瓦托作业方法与步骤
	(3) 完成转向架上的闸瓦托检修与组装操作
	(4) 遵守作业时的安全规程
技能目标	(1) 能掌握 209T 型转向架结构原理及维修技能
	(2) 能掌握转向架的密封式制动缸的组装技能
	(3) 能熟练更换制动杠杆
情感目标	(1) 激发对车辆构造的兴趣
	(2) 乐于对转向架进行拆装

学习准备

(1) 教学场地：教室、互联网多媒体教室及转向架模型实训室，课后可实地参观。

(2) 设备要求：至少具有能连接互联网的多媒体教室一个，能拆卸、组装的转向架仿真模型一个，或能播放视频、投影的设备。

任务一 分解、组装25型客车密封式制动缸

任务目标

(1) 掌握密封式制动缸质量标准。
(2) 熟悉密封式制动缸的拆装步骤及方法。
(3) 掌握密封式制动缸操作的安全技术要求。

任务分析

本任务是了解密封式制动缸的质量标准,熟悉作业时的安全注意事项,并掌握密封式制动缸的拆装步骤及方法。

任务实施

一、任务准备

1.质量标准

(1) 密封式制动缸经单车试验或列车试验作用良好、不泄漏者,可不分解。作用不良、滤尘呼吸网罩丢失或泄漏时,须分解检查前盖垫、缓解弹簧、弹簧座、活塞润滑套、前盖滤尘套、滤尘毡、活塞杆、活塞、皮碗胀力环等,不良时加修或更换(密封式制动缸无漏泄沟)。

(2) 组装活塞时,可将活塞斜搁在缸口上,上、下活动活塞杆,并慢慢向内推入,注意不要挤伤皮碗,然后将前盖螺帽均匀紧固,安装行程标尺或在活塞杆上按规定以铅油涂打行程标记。

(3) 制动缸活塞上的行程白色标记,用标准式样涂打。

(4) 制动缸缓解弹簧须符合技术标准。

(5) 制动缸油量符合给油要求。

(6) 须在制动缸内各处涂油。

(7) 制动、缓解感度试验:减压 40 kPa,保压 1 min,不得自然缓解。

(8) 制动安定试验:减压 140 kPa,保压检查全车闸瓦抱踏面,测量制动缸活塞行程,不得自然缓解。

2.安全注意事项

(1) 作业时、作业完插红旗。

(2) 作业时关闭截断塞门,拉缓解阀排副风缸风压。

(3) 卸制动缸前盖螺母须套安全套及安全销。

(4) 卸制动缸前盖。此时头部禁止对准制动活塞杆。

(5) 作业完后取缓解阀止木,开截断塞门。

(6) 作业时按规定穿戴防护用品。

二、操作步骤

(一) 作业操作方法与步骤

1.准备配件、材料

所需配件及材料:Y 形自封式皮碗 1 只,密封罩 1 只,按尺寸准备缓解弹簧 1 个,前盖垫 1 个,滤尘器 1 个,毛毡 1 只,M12 螺母 8 只,开口销 6 mm×20 mm 1 个,棉纱 0.35 kg,制动缸油脂 0.24 kg,煤油适量。

2.准备设备及工、量具

表 7-2-1 工具设备需求表

序号	名称	规格/型号	技术状态	数量
1	客车	25 型	良好	1 辆
2	小红旗	360 mm×500 mm	良好	1 面
3	手锤	0.70 kg	良好	1 把
4	安全套及插销		良好	1 套

续表

序号	名称	规格/型号	技术状态	数量
5	活动扳手	300 mm	良好	1 把
6	清洗制动缸多用桶		良好	1 只
7	制动缸标记样板		良好	1 块
8	小撬棍	500 mm	良好	1 根
9	原白漆及桶		良好	1 套
10	刷子	50 mm×200 mm	良好	1 把
11	牛油刮棒		良好	1 把
12	单车试验器	客车定压为 600 kPa	良好	1 台

3.插红旗

4.关门、排风

关闭截断塞门,打开排水阀排尽副风缸内空气。

5.分解制动缸

(1) 打开制动缸推杆开口销,取下制动缸推杆圆销。

(2) 套上制动缸活塞安全环,插上安全环销子。

(3) 卸下制动缸前盖螺母(注意:先松靠中梁侧,后松外侧较为安全),卸下制动缸活塞。松开制动前盖螺母。

6.检查配件、清扫给油

(1) 分解检查前盖、缓解弹簧、弹簧座、活塞润滑套、前盖滤尘套、滤尘毡、活塞、皮碗胀力环等。

(2) 检查缓解弹簧,如弹簧折损、软弱或高度尺寸不符合时更换。

(3) 活塞杆弯曲时调直,有裂纹时焊修,铆钉松动时铆固。

(4) 清除制动缸内壁、泄漏沟及活塞皮碗上的旧油和锈垢,皮碗变质、变形裂损或胀力不足时更换,安装位置有偏斜时调正,皮碗不得用汽油擦洗。制动缸内壁及活塞皮碗清洗擦干净后,涂以符合标准的制动缸润滑脂。

(5) 清洁须符合技术要求。

7.组装制动缸

(1) 组装缓解弹簧、皮碗胀力环、活塞润滑套、滤毡,给油。

(2) 清洗制动缸内壁,缸内干净后涂油。

(3) 组装活塞,把前盖螺母拧紧。

(4) 卸下安全环销及安全环。

(5) 安装制动缸推杆、圆销及开口销。

8.关闭副风缸排水阀,打开截断塞门

9.按规定操作规程连接单车试验器,试验,摘除单车试验器,涂打行程标记

10.落成检查,收回工具、材料

11.撤红旗

图 7-2-1 25 型客车制动缸

拓展知识

自动式空气制动机

自动式空气制动机在直通空气制动机的基础上增加了 3 个部件: 在总风缸与制动阀之间增加了给气阀;在每节车辆的制动管与制动缸之间增加了三通阀和副风缸。给气阀的作用是限定制动管定压,人为规定制动管压力,即无论总风缸压力多高,给气阀出口的压力总保持在一个设定值。自动式空气制动机的制动阀同样也有缓解位、保压位和制动位 3 个作用位置,但内部通路与直通式空气制动机的制动阀有所不同。在缓解位时它连通给气阀与制动管的通路;制动位时它使制动管与制动阀上的 EX 口相通,制动管压缩空气经它排向大气;保压位时仍保持各路不通。

制动阀操纵手柄放在缓解位时，总风缸中的压缩空气经给气阀、制动阀送到制动管，然后通过制动管送到各车辆的三通阀，经三通阀使副风缸充气。如此时制动缸中有压缩空气，则经三通阀的排气口排入大气。列车运行时，制动阀操纵手柄一般处于缓解位，直至副风缸充至制动管定压值。

任务评价

表 7-2-2 评价表

评价内容		评价标准	分值	学生自评	教师评价
理论评价	密封式制动缸分解组装质量标准	是否能掌握密封式制动缸分解组装质量标准	20 分		
	密封式制动缸分解组装方法	是否能掌握密封式制动缸分解组装质量标准	20 分		
技能评价	密封式制动缸分解组装操作方法与步骤	是否能掌握密封式制动缸分解组装作业操作方法与步骤	40 分		
情感评价	学习态度	(1)是否能积极思考，回答问题，与教师进行互动。 (2)是否有充分的课前准备，教材及学习用品是否齐备。	5 分		
	操作规范	操作是否规范	10 分		
	团队协作(在任务中请教他人或帮助他人)	是否具有团队协作精神	5 分		
总分			100 分		
学习体会					

课后练习

(1) 密封式制动缸质量标准有哪些具体要求？

(2) 简述密封式制动缸作业安全事项要求。

(3) 简述分解、组装 25 型客车密封式制动缸的步骤。

任务二 手工更换制动杠杆

任务目标

(1) 掌握制动杠杆的技术质量标准。
(2) 掌握更换制动杠杆的安全注意事项。
(3) 掌握制动杠杆的更换操作技能。

任务分析

本任务是了解制动杠杆的技术质量标准以及更换时的安全注意事项,并掌握制动杠杆的更换操作方法。

任务实施

一、任务准备

(一) 技术质量标准

(1) 用压装机退卸旧销套后,除去基体表面毛刺,锐角。

(2) 套与孔不得有裂纹,套与孔表面粗糙度 $Ra \leqslant 3.2$ μm。

(3) 套的外径应比孔径大 0.05~0.15 mm。

(4) 衬套高度允许比基孔短 0.2 mm。

(5) 镶套前须在套外表面涂抹铅油,缓慢压入。镶套至一半时应检查是否有偏斜、切边现象。

(6) 衬套与孔之间不得有贯通缝隙。套允许凸出基体表面 1 mm,凹入 2 mm;套内径圆度 0.5 mm,套不松动。

(7) 制动杠杆镶套时,按图纸尺寸校对孔距;两孔之间的距离不得超过图纸规定尺寸的±1 mm。

(二) 安全注意事项

(1) 作业时按规定穿戴防护用品。

(2) 镶套挥锤时应注意周围人员安全。

(3) 制动杠杆水平架须平稳牢固。

二、操作步骤

1.准备配件、材料

(1) 所需配件、材料:209T 型转向架制动杠杆 1 根;与制动杠杆上圆销孔匹配规格的粉末冶金衬套各若干个。

(2) 与制动杠杆上圆销孔相匹配的衬套规格见图 7−3−1。

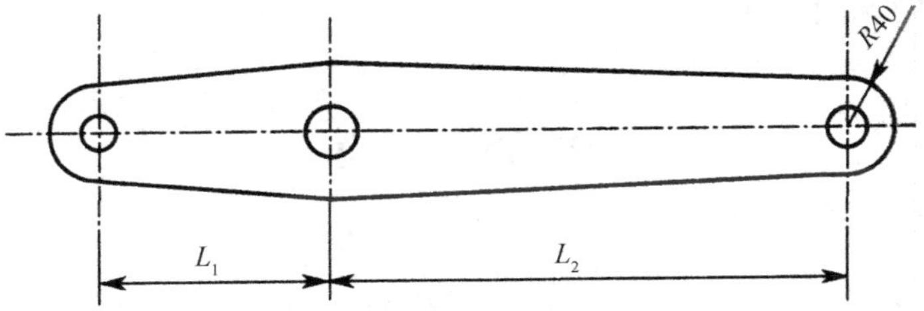

图 7−3−1 衬套规格

2.准备设备及工、量具

表 7−3−1 工具设备需求表

序号	名称	规格	技术状态	数量
1	手锤	0.7kg	良好	1 把
2	专用冲头	Φ33×40 Φ37×42 Φ29×36	良好	各 1 只
3	游标卡尺	300/0.02	良好	1 把

续表

序号	名称	规格	技术状态	数量
4	钢卷尺	2	良好	1 把
5	氧气瓶及割刀		良好	各 1 个
6	槽钢		良好	2 根
7	检点锤、电筒		良好	各 1 个

3.检查制动杠杆圆销孔衬套磨耗情况

使用游标卡尺测量制动杠杆圆销孔衬套孔径,过限者打更换标记。

4.退出旧衬套

把制动杠杆架空放在平台上,用专用冲头、手锤冲下各孔的旧衬套。用手锤冲不下时,可用气割割除,但不得损坏杠杆基本金属面。

5.修整圆销孔基本体,并测量修整后的圆销孔孔径

6.选配衬套规格

7.压装新套

8.检查压装的技术要求,收拾工具

拓展知识

制动梁的分类

(1) T 形制动梁。老型货车装用,已淘汰。

(2) 弓形制动梁。旧的弓形制动梁是以角钢、扁钢或圆钢、钢管等组成。

任务评价

表 7-3-2 评价表

评价内容		评价标准	分值	学生自评	教师评价
理论评价	制动杠杆的技术质量标准	是否能掌握制动杠杆的技术质量标准	20 分		
	更换制动杠杆的安全技术	是否能掌握更换制动杠杆的安全技术	20 分		
技能评价	更换制动杠杆的操作方法与步骤	是否能掌握更换制动杠杆作业操作方法与步骤	40 分		
情感评价	学习态度	(1)是否能积极思考,回答问题,与教师进行互动 (2) 是否有充分的课前准备，教材及学习用品是否齐备	5 分		
	操作规范	操作是否规范	10 分		
	团队协作(在任务中请教他人或帮助他人)	是否具有团队协作精神	5 分		
总分			100 分		
学习体会					

课后练习

(1) 制动杠杆质量标准有哪些具体要求?

(2) 简述制动杠杆作业安全事项要求。

(3) 简述拆装制动杠杆的步骤。

参考文献

PEFERENCE

[1] 连苏宁.城市轨道交通车辆构造[M].北京：机械工业出版社，2011.

[2] 郭凝.城市轨道交通车辆机械检修[M].上海：上海科学技术出版社，2013.

[3] 铁道部人才服务中心.车辆钳工[M].北京：中国铁道出版社，2009.

[4] 杨永林.韶山 7E 型电力机车[M].北京：中国铁道出版社，2004.

[5] 张中央.电力机车检修基础[M].北京：中国铁道出版社，2003.